高等教育“十四五”创新型教材 | 为成长护航

网页设计与制作

（HTML5+CSS3）

主　编　李阿红　张卫婷
副主编　赵小华　史　晶

西北工業大學出版社
西　安

前言

随着通信和网络技术的发展，互联网已经成为一种最新的信息交流方式，上网成为当今人们一种必不可少的生活习惯。通过互联网人们足不出户就可以浏览全世界的信息。网页，作为组成互联网成千上万网站最基本的媒介单元，也逐渐成为各种创意设计和技术革新的发源地和试验田，HTML5 和基于 Web 标准的网页设计技术引领着互联网发展的方向和潮流。

在这样的时代背景下，越来越多的从业者将加入 Web 前端开发工程师的队伍中。通过网页设计与制作课程的学习，学生熟悉网站开发的整个流程及工作过程，具备网页设计及制作的基本能力，能撰写网站制作说明等技术文档，能设计制作内容完整、图文并茂、技术运用得当的网站，并锻炼团队合作精神。该课程可培养网站设计、开发、维护和管理等工作岗位人才。

本书由网页设计基础知识，HTML5 简单标签，CSS3 选择器，盒子模型，列表与超链接，表格和表单，HTML5 多媒体技术，过渡、变形和动画，实战开发等九个项目组成。本书将 HTML+CSS 知识点融入项目中，采用项目任务导向学习，语言简洁、案例丰富、系统性强，适合作为高校电子信息类各专业教材，也可作为计算机培训班有关课程的教材和自学者的参考书。

本书由张卫婷策划、拟定编写大纲，李阿红、张卫婷担任主编并统稿，各项目编写分工如下：项目一、二由史晶编写，项目三、四、七由赵小华编写，项目五、六、八、九由李阿红编写。

由于水平有限，书中不足之处在所难免，恳请各位读者批评指正。

编　者

2022 年 2 月

目录

项目一

网页设计基础知识

学习目标

- 了解 Web 前端相关概念
- 了解 Web 前端核心技术
- 熟悉企业网站开发流程
- 熟悉前端开发常用的工具软件

思政映射

- 遵纪守法
- 尊重各国各民族文化
- 职业道德与良好社会风气的相辅相成
- 发展的观点
- 与时俱进，勇于探索
- 可持续发展观
- 诚信原则

任务 1　初识 Web 前端

Web 前端开发是创建 Web 页面或 APP（Application，应用程序）等前端界面呈现给用户的过程，通过 HTML（Hyper Text Markup Language，超文本标记语言）、CSS（Cascading Style Sheets，层叠样式表）及 JavaScript 以及衍生出来的各种技术、框架、解决方案，来实现互联网产品的用户界面交互。它从网页制作演变而来，名称上有很明显的时代特征。在互联网的演化进程中，网页制作是 Web（World Wide Web，万维网）1.0 时代的产物，早期网站主要内容都是静态的，以图片和文字为主，用户使用网站的行为也以浏览为主。随着互联网技术的发展和 HTML5、CSS3 的应用，现代网页更加美观，交互效果更加显著，功能更加强大。

一、Web 相关概念

1．IP 地址

IP 地址（Internet Protocol Address）是指互联网协议地址，又译为网际协议地址。IP 地址是 IP 协议提供的一种统一的地址格式，它为互联网上的每一个网络和每一台主机分配一个逻辑地址，以此来屏蔽物理地址的差异。

2．域名

域名（Domain Name），又称网域，是由一串用点分隔的名字组成的 Internet 上某一台计算机或计算机组的名称，用于在数据传输时对计算机的定位标识（有时也指地理位置）。

由于 IP 地址具有不方便记忆并且不能显示地址组织的名称和性质等缺点，人们设计出了域名，并通过网域名称系统（Domain Name System，DNS）来将域名和 IP 地址相互映射，使人们可以更方便地访问互联网，而不用去记住能够被机器直接读取的 IP 地址数串。

3．URL

URL（Uniform Resource Locator，统一资源定位符）是因特网的万维网服务程序上用于指定信息位置的表示方法。它最初是由蒂姆·伯纳斯·李发明用来作为万维网的地址，现在它已经被万维网联盟编制为互联网标准 RFC1738。

4．HTTP

HTTP（Hyper Text Transfer Protocol）中文译为超文本传输协议，是一种详细规定了浏览器和万维网服务器之间互相通信的规则。HTTP 是非常可靠的协议，具有强大的自检能力，所有用户请求的文件到达客户端时，一定是准确无误的。

HTTPS 是由 SSL（Secure Socket Layer，安全套接层）+HTTP 构建的可进行加密传输、身份认证的网络协议，要比 HTTP 安全。

5．网页与网站

网页是构成网站的基本元素，是承载各种网站应用的平台。通俗地说，网站就是由网页组成的，如果只有域名和虚拟主机而没有制作任何网页的话，客户仍旧无法访问网站。网页是一个包含 HTML 标签的纯文本文件，它可以存放在世界某个角落的某一台计算机中，是万维网中的一“页”，是超文本标记语言格式。

网站（Website）是指在因特网上根据一定的规则，使用 HTML 等工具制作的用于展示特定内容相关网页的集合。简单地说，网站是一种沟通工具，人们可以通过网站来发布自己想要公开的资讯，或者利用网站来提供相关的网络服务。人们可以通过网页浏览器来访问网站，获取自己需要的资讯或者享受网络服务。网站是在互联网上拥有域名或地址并提供一定网络服务的主机，是存储文件的空间，以服务器为载体。人们可通过浏览器等进行访问、查找文件，也可通过远程文件传输（File Transfer Protocol，FTP）方式上传、下载网站文件。

6．HTML

HTML（Hyper Text Markup Language）称为超文本标记语言，是一种标识性的语言。它包括一系列标签，通过这些标签可以将网络上的文档格式统一，使分散的 Internet 资源链接为一个逻辑整体。HTML 文本是由 HTML 命令组成的描述性文本，HTML 命令可以说明文字、图形、动画、声音、表格和链接等。

超文本是一种组织信息的方式，它通过超级链接方法将文本中的文字、图表与其他信息媒体相关联。这些相互关联的信息媒体可能在同一文本中，也可能是其他文件，或是地理位置相距遥远的某台计算机上的文件。这种组织信息方式将分布在不同位置的信息资源用随机方式进行连接，为人们查找、检索信息提供方便。

7．Web 标准

Web 标准（或网页标准）一般是指有关于全球资讯网各个方面的定义和说明的正式标准以及技术规范。近年来，这个术语也时常和一套建立网站的标准化的最佳实践方法、网页设计的原理、以及上述方法的衍生物联系在一起。

8．WWW

WWW（万维网）是 World Wide Web 的简称，也称为 Web、3W 等，WWW 是基于客户机/服务器方式的信息发现技术和超文本技术的综合。WWW 服务器通过超文本标记语言（HTML）把信息组织成为图文并茂的超文本，利用链接从一个站点跳到另一个站点，这样一来彻底摆脱了以前查询工具只能按特定路径一步步查找信息的限制。

二、常用浏览器

浏览器是用来检索、展示以及传递 Web 信息资源的应用程序。Web 信息资源由统一资源标识符（Uniform Resource Identifier，URI）所标记，它是一张网页、一张图片、一段视频或者任何在 Web 上所呈现的内容。使用者可以借助超级链接（Hyperlinks），通过浏览器浏览互相关联的信息。

1．IE 浏览器

Internet Explorer（简称 IE）是微软公司推出的一款网页浏览器，原称 Microsoft Internet Explorer（6 版本以前）和 Windows Internet Explorer（7、8、9、10、11 版本）。在 IE7 以前，中文直译为“网络探路者”，但在 IE7 以后官方便直接称为“IE 浏览器”。

2．谷歌浏览器

Google Chrome 是一款由 Google（谷歌）公司开发的网页浏览器，该浏览器基于其他开源软件撰写，包括 WebKit，目标是提升稳定性、速度和安全性，并创造出简单且有效率的使用者界面。

软件的名称是来自于称作 Chrome 的网络浏览器——图形使用者界面（Graphical User Interface，GUI）。软件的 beta 测试版本在 2008 年 9 月 2 日发布，提供 50 种语言版本，有 Windows、macOS、Linux、Android 和 iOS 版本提供下载。Google Chrome 的特点是简洁、快速。Google Chrome 支持多标签浏览，每个标签页面都在独立的“沙箱”内运行，在提高安全性的同时，一个标签页面的崩溃也不会导致其他标签页面被关闭。此外，Google Chrome 基于功能更强大的 JavaScript V8 引擎，这是当前 Web 浏览器所无法实现的。

3．火狐浏览器

Mozilla Firefox 中文通常称为“火狐”，是一个开源网页浏览器，使用 Gecko 引擎（非 IE 内核）。Firebug 是火狐浏览器下的一款开发插件，它集 HTML 查看和编辑、JavaScript 控制台、网络状况监视器于一体，是开发 HTML、CSS、JavaScript 等的得力助手。

任务 2　Web 前端核心技术

HTML、CSS 和 JavaScript 是 Web 前端开发的三大核心技术。它们组合使用形成了复杂的 Web 应用，给用户带来了完整的产品体验，比如新闻聚合、视频分享平台、电子购物商城、社区论坛等。要想学会、学好网页制作技术，首先需要对它们有一个整体的认识。

一、CSS3

CSS3 是层叠样式表（Cascading Style Sheets，CSS）技术的升级版本，于 1999 年开始制订，2001 年 5 月 23 日万维网联盟（The World Wide Web Consortium，W3C）完成了 CSS3 的工作草案，主要包括盒子模型、列表、超链接方式、语言、背景和边框、文字特效、多栏布局等模块。

CSS 演进的一个主要变化就是 W3C 决定将 CSS3 分成一系列模块。浏览器厂商按 CSS 节奏快速创新，因此通过采用模块方法，CSS3 规范里的元素能以不同速度向前发展，因为不同的浏览器厂商只支持给定特性。但不同浏览器在不同时间支持不同特性，这也让跨浏览器开发变得复杂。

早在 2001 年，万维网联盟就完成了 CSS3 的草案规范。CSS3 规范的一个新特点是被分为若干个相互独立的模块。一方面，分成若干较小的模块有利于规范及时更新和发布、及时调整模块的内容，使这些模块容易独立实现和发布，也为日后 CSS 的扩展奠定了基础。另一方面，由于受支持设备和浏览器厂商的限制，设备或者厂商可以有选择地支持一部分模块，支持 CSS3 的一个子集，这样有利于 CSS3 的推广。

二、JavaScript

JavaScript（简称 JS）是一种具有函数优先的轻量级、解释型或即时编译型的高级编程语言。虽然它是作为开发 Web 页面的脚本语言而出名的，但是它也被用到了很多非浏览器环境中。JavaScript 基于原型编程、多范式的动态脚本语言，并且支持面向对象、命令式和声明式（如函数式编程）风格。

JavaScript 在 1995 年由 Netscape 公司的 Brendan Eich，在网景导航者浏览器上首次设计实现而成。因为 Netscape 与 Sun 合作，Netscape 管理层希望它外观看起来像 Java，所以取名为 JavaScript，但实际上它的语法风格与 Self 及 Scheme 较为接近。

JavaScript 的标准是 ECMAScript。截至 2012 年，所有浏览器都完整地支持 ECMAScript 5.1，旧版本的浏览器至少支持 ECMAScript 3 标准。2015 年 6 月 17 日，国际组织欧洲计算机制造商协会（European Computer Manufacturers Association，ECMA）发布了 ECMAScript 的第 6 版，该版本正式名称为 ECMAScript 2015，但通常被称为 ECMAScript 6 或者 ES6。

JavaScript 是一种属于网络的高级脚本语言，已经被广泛用于 Web 应用开发，常用来为网页添加各式各样的动态功能，为用户提供更流畅、美观的浏览效果。通常 JavaScript 脚本是通过嵌入在 HTML 中来实现自身功能的。

JavaScript 脚本语言具有以下特点:

（1）脚本语言。JavaScript 是一种解释型的脚本语言，C、C++等语言先编译后执行，而 JavaScript 是在程序的运行过程中逐行进行解释的。

（2）基于对象。JavaScript 是一种基于对象的脚本语言，它不仅可以创建对象，也能使用现有的对象。

（3）简单。JavaScript 语言中采用的是弱类型的变量类型，对使用的数据类型未做出严格的要求，是基于 Java 基本语句和控制的脚本语言，其设计简单、紧凑。

（4）动态性。JavaScript 是一种采用事件驱动的脚本语言，它不需要经过 Web 服务器就可以对用户的输入做出响应。在访问一个网页时，鼠标在网页中进行点击或上移、下移、窗口移动等操作，JavaScript 都可直接对这些事件给出相应的响应。

（5）跨平台性。JavaScript 脚本语言不依赖于操作系统，仅需要浏览器的支持。因此一个 JavaScript 脚本在编写后可以带到任意机器上使用，前提是机器上的浏览器支持 JavaScript 脚本语言，JavaScript 已被大多数的浏览器所支持。

不同于服务器端脚本语言，例如 PHP（Hypertext Preprocessor，超文本预处理器）与 ASP（Active Server Pages，动态服务器页面），JavaScript 主要被作为客户端脚本语言在用户的浏览器上运行，不需要服务器的支持。因此，在早期程序员比较青睐于 JavaScript 以减少对服务器的负担，而与此同时也带来另一个问题：安全性。

随着服务器的强壮，虽然程序员更喜欢运行于服务端的脚本以保证安全，但 JavaScript 仍然以其跨平台、容易上手等优势而被广泛使用。同时，有些特殊功能（如 AJAX）必须依赖 JavaScript 在客户端进行支持。

任务 3　企业网站开发流程

一、网站的分类

网站按照主体性质的不同分为政府网站、企业网站、商业网站、教育科研机构网站、个人网站、其他非盈利机构网站以及其他类型等。

1. 产品（服务）查询展示型网站

此类网站核心目的是推广产品（服务），是企业的产品“展示框”。利用网络的多媒体技术、数据库存储查询技术和三维展示技术，配合有效的图片和文字说明，将企业的产品（服务）充分展现给新老客户，使客户能全方位地了解公司产品。与产品印刷资料相比，网站可以营造更加直观的氛围和产品的感染力，促使商家及消费者对产

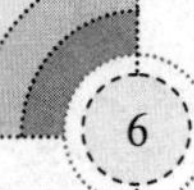

品产生采购欲望，从而促进企业销售。

2．品牌宣传型网站

此类网站非常强调创意设计，但不同于一般的平面广告设计。网站利用多媒体交互技术、动态网页技术，配合广告设计，将企业品牌在互联网上发挥得淋漓尽致。本类型网站着重展示企业形象、传播品牌文化、提高品牌知名度。对于产品品牌众多的企业，可以单独建立各个品牌的独立网站，以便市场营销策略与网站宣传统一。

3．企业涉外商务网站

通过互联网对企业各种涉外工作，提供远程、及时、准确的服务，是本类网站的核心目标。本类型网站可实现渠道分销、终端客户销售、合作伙伴管理、网上采购、实时在线服务、物流管理、售后服务管理等，它将更进一步地优化企业现有的服务体系，实现公司对分公司、经销商、售后服务商、消费者的有效管理，加速企业的信息流、资金流、物流的运转效率，降低企业经营成本，为企业创造额外收益。

4．网上购物型网站

通俗地说，就是实现网上买卖商品，购买的对象可以是企业，也可以是消费者。为了确保采购成功，该类网站需要有产品管理、订购管理、订单管理、产品推荐、支付管理、收费管理、送发货管理、会员管理等基本系统功能。复杂的物品销售、网上购物型网站还需要建立积分管理系统、VIP 管理系统、客户服务交流管理系统、商品销售分析系统以及与内部进销存打交道的数据导入导出系统等。本类型网站可以开辟新的营销渠道，扩大市场，同时还可以接触最直接的消费者，获得第一手的产品市场反馈信息，有利于市场决策。

5．企业门户综合信息网站

本类型网站是所有各企业类型网站的综合，是企业面向新老客户、业界人士及全社会的窗口，是目前最普遍的形式之一。该类网站将企业的日常涉外工作上网，其中包括营销、技术支持、售后服务、物料采购、社会公共关系处理等。该类网站涵盖的工作类型多，信息量大，访问群体广，信息更新需要多个部门共同完成。企业综合门户信息网站有利于社会对企业的全面了解，但不利于突出特定的工作需要，也不利于展现重点。

6．沟通交流平台

本系统利用互联网，将分布在全国的生产、销售、服务和供应等环节联系在一起，改变过去利用电话、传真、信件等传统沟通方式，可以对不同部门、不同工作性质的用户建立无限多个个性化网站；提供内部信息发布、管理、分类、共享等功能，汇总各种生产、销售、财务等数据；提供内部邮件、文件传递、语音、视频等多种通信交流手段。

7．政府门户信息网站

利用政务网（或称政府专网）和内部办公网络而建立的内部门户信息网，是为了方便办公区域以外的相关部门（或上、下级机构），互通信息、统一数据处理、共享文件资料而建立的。其主要包括如下功能：提供多数据源的接口，实现业务系统的数据整合；统一用户管理，提供方便有效的访问权限和管理权限体系；可以方便建立二级子网站和部门网站；实现复杂的信息发布管理流程。

二、网页制作基本原则

除了要有创意和特色外，网页制作有一些基本原则是必须要遵循的。

1．网站内容明确

一个网页在设计的时候首先应该考虑网站的内容，包括网站功能和用户需求，而不是以漂亮为中心进行设计规划。明确设计网站的目的和用户需求，从而做出切实可行的设计计划。

2．导航清晰

导航的栏目不要过多，一般5~9个比较合适，只需要列出几个主要的页面就可以。如果栏目比较多，尽量采用分级栏目的方式展示出来，这样更直观、清晰。

3．网页易读

设计出的网站应该是容易用户浏览的，导航应清晰、简洁，返回主页的标识要容易找到，所有的链接要有目标。网页还要符合人们从左到右、从上到下的阅读习惯。对于较长的页面，还应在底部设置一个导航。

4．页面协调

网站页面的协调性能够影响整个页面所展示的视觉效果。将整个页面的所有元素都进行合理搭配、统一处理，最后形成一个和谐的整体，这样有利于提高用户体验。

5．打开速度要快

如果一个网站设计得很漂亮，但打开的速度却很慢，那么一切都是无意义的。用户好不容易找到了感兴趣的内容，最终却因为迟迟打不开网站而放弃，这也是很多网站存在的问题。

三、企业网站建设流程

1．客户提出网站建设的需求

有网站建设需求的客户向网站建设公司提出具体的网站建设要求，这些要求都是需要通过文字的形式，详细地向制作公司进行说明，要将需要建设的网站要求、内容，以及产品描述全部描写清楚。网站制作公司则要对客户的网站建设要求进行全方位的评估以及了解，这样才能做出符合用户需求的网站。

2．制定网站建设方案

针对客户提出的网站建设需求，设计出整体的网站建设方案，并与客户进行再次商谈，就网站建设的风格、主题以及相关的细节进行详细的沟通，只有在与客户达成共识之后才能无所顾忌地进行网站建设。

3．设计方案达成共识，预付款项

在双方就网站建设的具体细节达成共识之后，客户便需要支付一部分的网站建设费用，作为预付款，通常需要支付50%左右网站建设费用。

4．网站建设初稿，敲定细节

在与客户达成共识，并且收付预付款之后，网站建设公司便开始着手进行网站建设的工作，在双方约定的时间内给出客户网站建设的初稿，就双方约定的网站风格、网站建设主题、网站设计内容等进行初步的审核。

在初审通过之后，便是对网站建设的细节进行详细的处理，对网站建设的框架大体做好规划，在细节方面需要花费的时间比较多，但是往往花费时间越多，做出来的网站效果越好。

5．网站建设完成，进行验收

网站建设完成之后，在交付客户之前，所有的网站制作商都要对网站进行反复的测试，特别是对于网站的核心功能模块，要进行不断地测试，反复测试后才可以交付客户。

网站交付给客户之后，并不意味着所有工作结束，还要对客户进行指导，并进行网站的维护等工作。

任务4　网页制作常用开发工具

为了方便网页制作，通常会选择一些较为便捷的辅助工具，如EditPlus、Notepad++、Sublime、Dreamweaver、WebStorm等。下面具体介绍Dreamweaver和WebStorm工具的使用方法。

一、Dreamweaver

Adobe Dreamweaver，简称“DW”，中文名称为“梦想编织者”，最初为美国MacroMedia公司开发，2005年被Adobe公司收购。DW是集网页制作和网站管理于一身的所见即所得的网页代码编辑器。利用对HTML、CSS、JavaScript等内容的支持，设计师和程序员几乎可以在任何地方快速制作和进行网站建设。

Adobe Dreamweaver使用所见即所得的接口，亦有HTML（标准通用标记语言下的一个应用）编辑的功能，借助经过简化的智能编码引擎，轻松地创建、编码和管理动态网站。访问代码提示，即可快速了解HTML、CSS和其他Web标准。使用视觉辅助功能可减少错误并提高网站开发速度，其操作界面如图1-1所示。

1．菜单栏

Dreamweaver菜单栏由各种菜单命令构成，包括文件、编辑、查看、插入、修改、格式、命令、站点、窗口和帮助10个菜单项。

2．插入栏

在使用Dreamweaver建设网站时，对于一些经常使用的标记，可以直接选择插入栏里的相关按钮，这些按钮一般都和菜单中的命令相对应。

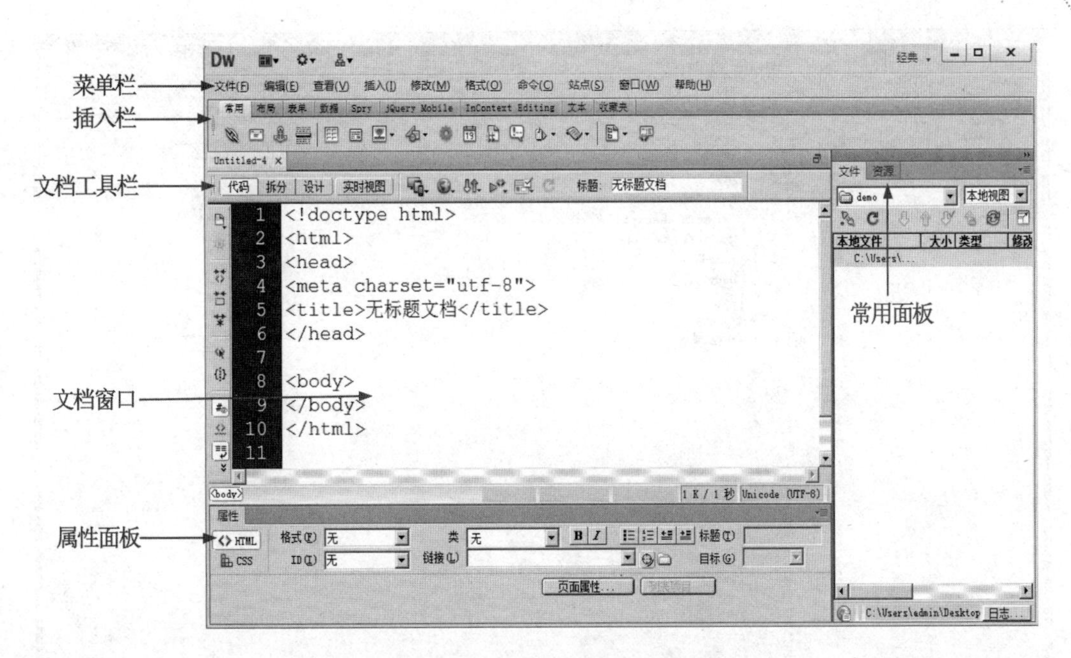

图 1-1　Dreamweaver 软件操作界面

3．文档工具栏

文档工具栏提供了各种“文档”视图窗口，如代码、拆分、设计、实时视图，还提供了各种查看选项和一些常用操作。

4．文档窗口

文档窗口是 Dreamweaver 最常用到的区域之一，此处会显示所有打开的文档。单击文档工具栏里的“代码”“拆分”“设计”三个选择按钮可变换区域的显示状态。

5．属性面板

属性面板主要用于设置文档窗口中所选中元素的属性。在 Dreamweaver 中允许用户在属性面板中直接对元素的属性进行修改。选中的元素不同，属性面板中的内容也不一样。

6．常用面板

常用面板中集合了网站编辑与建设过程中一些常用的工具。用户可以根据需要自定义该区域的功能面板，通过这样的方式既能够很容易地使用所需面板，也不会使工作区域变得混乱。

二、WebStorm

WebStorm 是 JetBrains 公司旗下一款 JavaScript（简称 JS）开发工具，已经被广大中国 JS 开发者誉为“Web 前端开发神器”“最强大的 HTML5 编辑器”“最智能的 JavaScript IDE”等，其操作界面如图 1-2 所示。WebStorm 与 IntelliJ IDEA 同源，继承了 IntelliJ IDEA 强大的 JS 部分的功能。

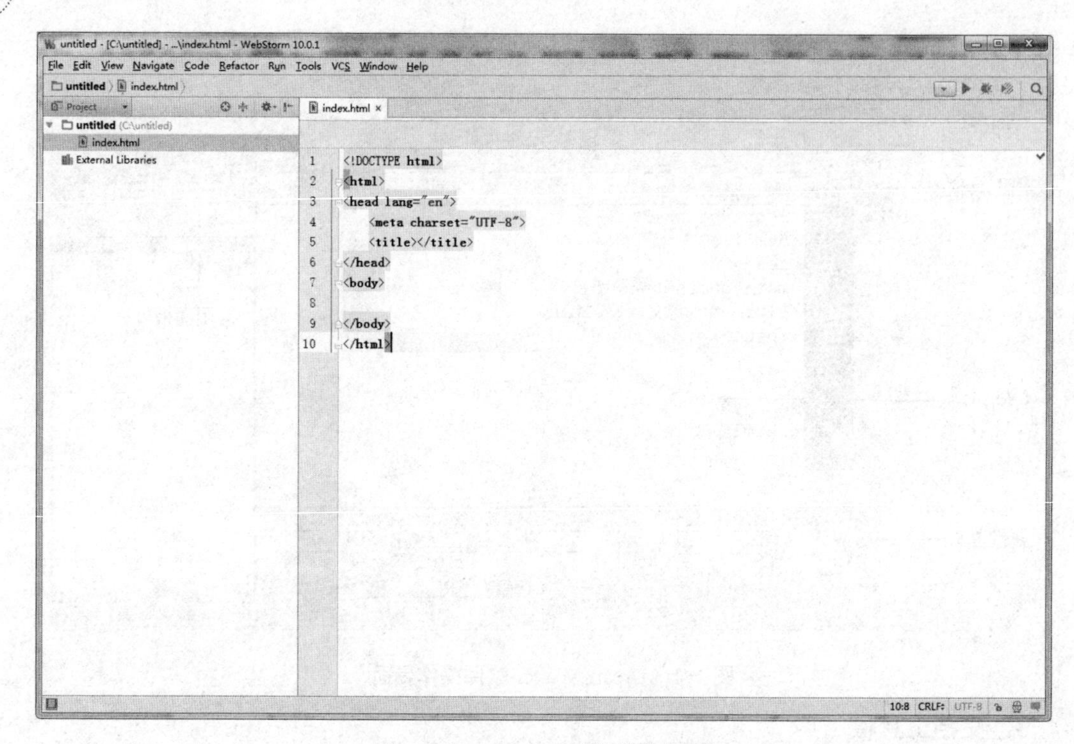

图 1-2 WebStorm 软件操作界面

WebStorm 软件的优势功能如下：

（1）智能的代码补全。支持不同浏览器的提示，还包括所有用户自定义的函数（项目中）。代码补全包含了所有流行的库，比如 JQuery、YUI、 Dojo、Prototype、Mootools 和 Bindows。

（2）代码格式化。代码不仅可以格式化，而且所有规则都可以自己来定义。

（3）联想查询。只需要按着 Ctrl 键点击函数或者变量等，就能直接跳转到定义；既可以全项目查找函数或者变量，也可以查找使用并高亮函数或者变量。

（4）代码重构。这个操作有些像 Resharper，熟悉 Resharper 的用户应该上手很快，支持的有重命名、提取变量/函数、内联变量/函数、移动/复制、安全删除等等。

（5）代码检查和快速修复。可以快速找到代码中错误或者需要优化的地方，并给出修改意见，快速修复。

（6）代码调试。支持代码调试，界面和 IDEA 相似，非常方便。

（7）代码结构浏览。可以快速浏览和定位。

（8）包裹或者去掉外围代码。自动提示包裹或者去掉外围代码，一键搞定。

项目案例

制作“我的第一个网页”

一、启动 WebStorm

双击软件图标，进入软件开始界面（见图 1-3）。

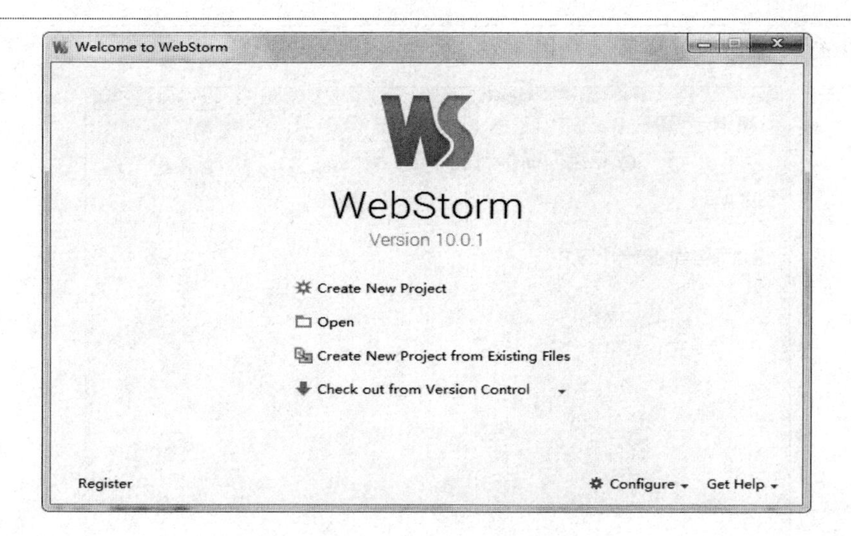

图 1-3　WebStorm 软件开始界面

二、新建文件（见图 1-4）。

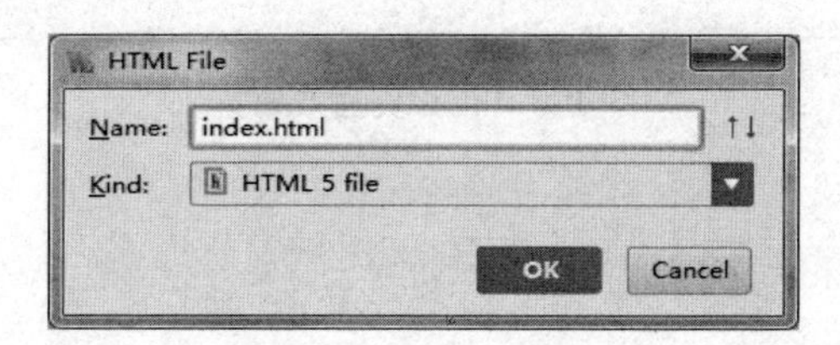

图 1-4　新建文件

三、编写 HTML5 页面代码（见图 1-5）。

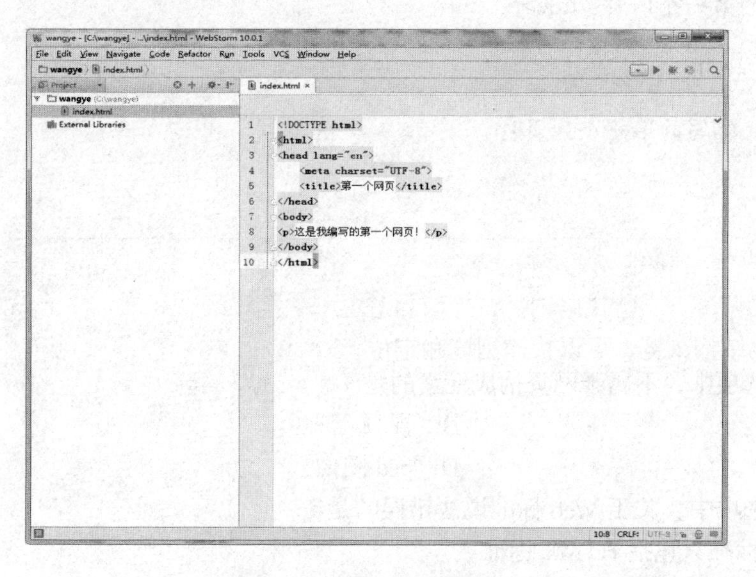

图 1-5　编写 html 页面代码

四、运行文件，浏览网页（见图 1-6）。

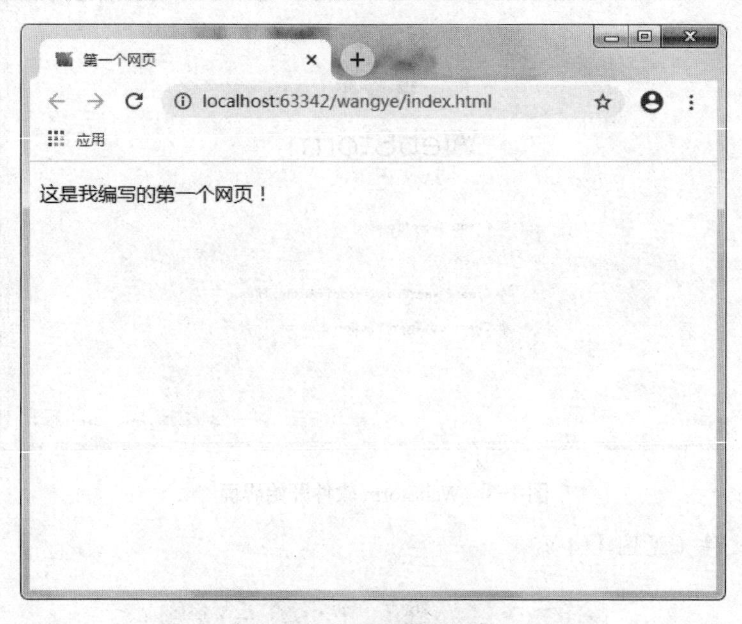

图 1-6　html 页面效果

五、完整代码

```
<!doctype html>
<html>
<head>
<meta charset="utf-8">
<title>我的第一个网页</title>
</head>
<body>
<p>这是我编写的第一个网页!
</body>
</html>
```

【习题】

一、选择题

1．下面选项中，不属于网页构成元素的是（　　）。

A．音频　　B．视频

C．文字　　D．psd 图像

2．下面选项中，关于 Web 标准说法错误的是（　　）。

A．Web 标准只包括 HTML 标准

B．Web 标准是由 W3C 与其他标准化组织共同制定的

C．Web 标准并不是某一个标准，而是一系列标准的集合

D．Web 标准主要包括结构标准、表现标准和行为标准三个方面

3．下列选项中的术语名词，属于网页术语的是（　　）。

A．WEB　　B．HTTP

C．DNS　　D．Ios

4．关于 HTML 的描述，下列说法正确的是（　　）。

A．HTML 是更严谨纯净的 XHTML 版本

B．HTML 提供了许多标签，用于对网页内容进行描述

C．目前最新的 HTML 版本是 HTML5

D．初期的 HTML 在语法上很宽松

5．浏览器是网页运行的平台，下列不属于网页制作中常用浏览器的是（　　）。

A．IEB　　B．谷歌

C．360　　D．火狐

二、填空题

1．网页主要由文字、图像和________等元素构成。

2．URL（英文 Uniform Resource Locator 的缩写）中文译为“________”。URL 其实就是 Web 地址，俗称“网址”。

3. 行为是指网页模型的定义及交互的编写，主要包括______和 ECMAScript 两个部分。

4．网页是构成_________的基本元素，是承载各种网站应用的平台。

5．Dreamweaver 中浏览网页的快捷键是________。

三、操作题

对 Dreamweaver 工具进行初始化设置，具体要求如下：

1．设置为经典模式的工作区布局。

2．调出【插入】、【属性】、【文件】三个常用选项面板。

3．设置代码提示功能。

4．将 Dreamweaver 的预览主浏览器设置为“IE 浏览器”。

5．将 Dreamweaver 的预览次浏览器设置为“火狐浏览器”。

四、简答题

用 HTML 写一个完整的页面结构。

项目二

HTML5 简单标签

学习目标

- ➢ 熟悉 HTML5 的基本结构
- ➢ 熟悉常用的 HTML 标签
- ➢ 掌握 HTML 文本控制标签和图像标签的用法
- ➢ 会熟练使用 HTML 常用标记创建简单网页

思政映射

- ➢ 培养大学生具有正确的世界观、价值观和人生观
- ➢ 培养德智体美劳全面发展的中国特色社会主义合格建设者和接班人
- ➢ 培养担当民族复兴大任的时代新人
- ➢ 注重发挥专业课深化和拓展的作用
- ➢ 在课堂教学主渠道中全方位、全过程、全员立体化育人

任务 1　认识 HTML5

一、HTML5 的新特性

HTML5 将 Web 带入一个成熟的应用平台，在这个平台上，对视频、音频、图像、动画以及与设备的交互都进行了规范。

1．智能表单

表单是实现用户与页面后台交互的主要组成部分，HTML5 在表单设计上功能更强大。

input 类型和属性的多样性大大地增强了 HTML 可表达的表单形式，再加上新增加的一些表单标签，使得原本需要 JavaScript 实现的控件，可以直接使用 HTML5 的表单实现；一些如内容提示、焦点处理、数据验证等功能，也可以通过 HTML5 的智能表单属性标签来完成。

2．绘图画布

HTML5 的 canvas 元素可以实现画布功能，该元素通过自带的应用程序编程接口（Application Programming Interface，API）结合使用 JavaScript 脚本语言在网页上绘制图形和处理，拥有实现绘制线条、弧线以及矩形，用样式和颜色填充区域，书写样式化文本，以及添加图像的方法，且使用 JavaScript 可以控制其每一个像素。HTML5 的 canvas 元素使得浏览器无需 Flash 或 Silver light 等插件就能直接显示图形或动画图像。

3．多媒体

HTML5 最大特色之一就是支持音频、视频，并通过增加<audio>和<video>两个标签来实现对多媒体中的音频、视频使用的支持，只要在 Web 网页中嵌入这两个标签，无需第三方插件（如 Flash）就可以实现音频、视频的播放功能。HTML5 对音频、视频文件的支持使得浏览器摆脱了对插件的依赖，加快了页面的加载速度，扩展了互联网多媒体技术的发展空间。

4．地理定位

现今移动网络备受青睐，用户对实时定位的应用越来越多，要求也越来越高。HTML5 通过引入 Geolocation 的 API 可以通过 GPS 或网络信息实现用户的定位功能，定位更加准确、灵活。通过 HTML5 进行定位，除了可以定位自己的位置，还可以在他人对自己开放信息的情况下获得他人的定位信息。

5．数据存储

HTML5 较之传统的数据存储有自己的存储方式，允许在客户端实现较大规模的数据存储。为了满足不同的需求，HTML5 支持 DOM Storage 和 Web SQL Database 两种存储机制。其中，DOM Storage 适用于具有 key/value 对的基本本地存储；Web SQL Database 适用于关系型数据库的存储方式，开发者可以使用 SQL 语法对这些数据进行查询、插入等操作。

6．多线程

HTML5 利用 Web Worker 将 Web 应用程序从原来的单线程业界中解放出来，通过创建一个 Web Worker 对象就可以实现多线程操作。JavaScript 创建的 Web 程序处理事务都是在单线程中执行的，响应时间较长，而当 JavaScript 过于复杂时，还有可能出现死锁的局面。HTML5 新增加了一个 Web Worker API，用户可以创建多个在后台的线程，将耗费较长时间的处理交给后台而不影响用户界面和响应速度，这些处理不会因用户交互而运行中断。使用后台线程不能访问页面和窗口对象，但后台线程可以和页面之间进行数据交互。子线程与子线程之间的数据交互，大致步骤如下：①先创建发送数据的子线程；

②执行子线程任务，把要传递的数据发送给主线程；③在主线程接收到子线程传递回的消息时创建接收数据的子线程，然后把发送数据的子线程中返回的消息传递给接收数据的子线程；④执行接收数据子线程中的代码。

二、HTML5 的优、缺点

1. 优点

新一代网络标准能够让程序通过 Web 浏览器运行，消费者从而能够从包括个人电脑、笔记本电脑、智能手机或平板电脑在内的任意终端访问相同的程序和基于云端的信息。HTML5 允许程序通过 Web 浏览器运行，并且将视频等目前需要插件和其他平台才能使用的多媒体内容也纳入其中，这将使浏览器成为一种通用的平台，用户通过浏览器就能完成任务。此外，消费者还可以访问以远程方式存储在“云”中的各种内容，不受位置和设备的限制。由于 HTML5 技术中存在较为先进的本地存储技术，所以其能做到降低应用程序的相应时间，为用户带来更便捷的体验。

2. 缺点

（1）开放性带来的困扰。以前网络平台上存在大量的专利产品，想要实现 HTML5 技术的大量应用首先就需要将这些专利性的产品变为开放式的产品，由于各种原因，当前面对这一问题还存在许多争议。以视频格式为例，两大阵营对于视频格式的设置存在争议，一大阵营以苹果公司为代表，另一大阵营则以 Opera、火狐、谷歌公司为代表。WPEG 阵营是苹果公司所属阵营，由于其自身使用的全部是这一种格式，所以其坚持认为应当将此格式作为标准，而 Web M 阵营则认为由于 WPEG 格式的专利依然没有解除，对于 HTML5 技术要求的开放性没有达标，所以不同意将其作为标准格式。

（2）发展的速度有待提升。在 HTML5 中提出了一些从前 HTML 技术中不具有的新技术，但是有许多主流浏览器在长时间的发展过程中已经完成了此种技术的开发，在自身浏览器中实现了此种功能，就这一情况来说，HTML5 的发展速度方面存在一定的问题。同时由于 HTML5 的不成熟，当前关于 HTML5 的相关技术标准还没有完全确定，所以在短时间内想要将其投入大规模应用还比较困难。

三、HTML5 的发展趋势

随着计算机技术的不断发展，可以看到 HTML5 在未来几年内的发展将会是一个井喷式的增长。HTML5 技术在未来几年内发展将会以以下几个形式表现。

1. HTML5 技术的移动端方向

HTML5 技术在未来主要发展的市场还是在移动端互联网领域，现阶段移动浏览器有应用体验不佳、网页标准不统一的劣势，这两个方面是移动端网页发展的障碍，而 HTML5 技术能够解决这两个问题，并且将劣势转化为优势，整体推动移动端网页方面的发展。

2．Web 内核标准提升

目前移动端网页内核大多采用 Web 内核，相信在未来几年内随着智能终端逐渐普及，HTML5 在 Web 内核方面应用将会得到极大的凸显。

3．提升 Web 操作体验

随着硬件能力的提升、WebGL（Web Graphics Library，Web 图形库）标准化的普及以及手机游戏的逐渐成熟，手机游戏向 3D 化发展是大势所趋。

4．网络营销游戏化发展

通过一些游戏化、场景化以及跨屏互动等环节，不仅增加了用户的游戏体验，还能够满足广告主大部分的营销需求，在推销产品的过程中，让用户体验游戏的乐趣。

5．移动视频、在线直播

HTML5 将会改变视频数据的传输方式，让视频播放更加流畅，与此同时，视频还能够与网页相结合，让用户看视频如同看图片一样轻松。

任务 2　HTML5 文档的基本结构

HTML5 文档是由一系列成对出现的元素标记嵌套组合而成的，这些标记以<元素名>的形式出现，用于标记文本内容的含义。浏览器通过元素标记解析文本内容并将结果显示在网页上。

HTML5 文档的基本结构如下：

```
<!doctype html>                    //文档声明类型
<html>                             //表示文档开始
<head>                             //包含文档元数据开始
<meta charset="utf-8">             //声明文档的编码格式
<title>网页标题</title>            //文档的标题栏
</head>                            //包含文档元数据结束
<body>                             //表示 html 文档内容
</body>
</html>
```

一、<!doctype>标记

doctype 是 document type 的简写，含义为文档类型。HTML5 文档基础结构中第一行<!doctype html>就是 HTML5 的 doctype 声明。

网页实际上有多种浏览模式，例如兼容模式、标准模式等。HTML5 用<!doctype>标记定义文档该基于何种标准在网页中呈现。<!doctype html>意味着该网页的呈现标准是基于 HTML5 的。当使用该 doctype 声明方式时，浏览器会将此页面定义为标准兼容模式。

二、<html>标记

<html>是 HTML5 文档的根元素标记。根元素标记主要用于告知浏览器其自身是一个 HTML 文档。除顶部<!doctype html>文档类型声明以外，所有的 HTML5 文档都是以<html>标记开始，以</html>标记结束的，在它们之间的是文档的头部和主体内容。

三、<head>标记

<head>标记用于定义 HTML 文档的头部信息，也称为头部标记。<head>标记中的内容不会显示在网页的页面中。<head>标记紧跟在<html>标记之后，主要用来封装其他位于文档头部的标记，如<title>、<meta>、<link>和<style>等，用来描述文档的标题、作者、关键字、超链接以及样式表等。

一个 HTML 文档只能包含一对<head>标记。

四、<meta />标记

<meta />标记用于定义页面的元信息，可重复出现在<head>头部标记中。这些信息不会直接显示在页面中，但是对于机器是可读的，适用于搜索引擎索引。在 HTML 中，<meta />标记是一个单标记，本身不包含任何内容，仅仅表示网页的相关信息。通过<meta />标记的两组属性（name 和 http-equiv），可以定义页面的相关参数。例如为搜索引擎提供网页的字符集、关键字、作者信息、内容描述以及定义网页的刷新时间等。

五、<title>标记

<title>标记用于定义 HTML 页面的标题，即给网页取一个名字，该标记必须位于<head>标签之内。一个 HTML 文档只能包含一对<title></title>标记，网页标题会显示在浏览器窗口的标题栏中，若省略<title>标记，则网页标题会显示为“无标题文档”。

建议在网页代码中保留该标记，因为<title>标记还能用于当网页被添加到收藏夹时显示标题，以及作为页面标题显示在搜索引擎结果中。

六、<body>标记

<body>标记用于定义 HTML 文档所要显示的内容，也称为主体标记。浏览器中显示的所有文本、图像、音频和视频等信息都必须位于<body>标记内。

一个 HTML 文档只能含有一对<body>标记，且<body>标记必须在<html>标记内，位于<head>头部标记之后，与<head>标记是并列关系。<body>标记中可直接添加文本内容，也可继续嵌套其他元素标签，形成多样化的显示效果。

任务 3 HTML5 文本标签

无论网页内容如何丰富，文字自始至终都是网页中最基本的元素。为了使文字排版整齐、结构清晰，HTML 中提供了一系列文本控制标签，如标题标签<h1> ~ <h6>、段落标签<p>、水平线标签<hr />、换行标签
、文本样式标签<font>、文本格式化标签和特殊字符标签等。下面详细讲解这些标签。

一、标题标签

为了使网页更具有语义化，经常会在页面中用到标题标签，HTML 提供了 6 个等级的标题<h1> ~ <h6>，<h1>标签所标记的字体最大，标记使用的数字越大则字体越小，<h6>标记所标记的字体最小。标题标记的默认状态为左对齐显示的黑体字，标题标记中的字母 h 来源于英文单词 heading 的首字母。

标题标签的基本语法格式如下：

```
<hn align="对齐方式">标题文本</hn>
```

align 属性用来设置标题文字的对齐方式，其取值如下：

left：设置标题文字左对齐（默认值）

center：设置标题文字居中对齐

right：设置标题文字右对齐

接下来通过一个简单的案例说明标题标签的具体用法。

例 2-1 标题标签<h1> ~ <h6>的简单应用

```
<!doctype html>
<html>
<head>
    <meta charset="utf-8">
    <title>标题标签的简单应用</title>
</head>
<body>
    <h1>1 级标题，默认左对齐</h1>
    <h2 align="left">2 级标题，左对齐</h2>
    <h3 align="center">3 级标题，居中对齐</h3>
    <h4 align="center">4 级标题，居中对齐</h4>
    <h5 align="right">5 级标题，右对齐</h5>
```

```
    <h6 align="right">6 级标题，右对齐</h6>
</body>
</html>
```

运行例 2-1，在浏览器中的显示效果如图 2-1 所示。

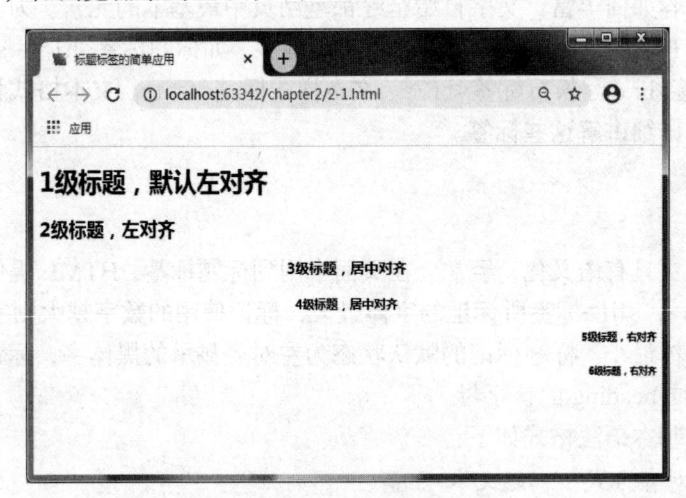

图 2-1　标题标签的简单应用

二、段落标签

在网页中要把文字有条理地显示出来，离不开段落标签，就如同我们平常写文章一样，整个网页也可以分为若干个段落。在网页中使用<p>标签来定义段落。<p>标签是 HTML 文档中最常见的标签，默认情况下，文本在一个段落中会根据浏览器窗口的大小自动换行。

p 是英文 paragraph 的缩写，<p>和</p>之间的文字表示一个段落，多个段落需要用多对<p>标签。

<p>标签的基本语法格式如下：

```
<p align="对齐方式">段落文本</p>
```

align 属性为<p>标签的可选属性，和标题标签一样，同样可以使用 align 属性设置段落文本的对齐方式。

接下来通过一个案例来演示段落标签<p>的用法。

例 2-2　段落标签<p>的简单应用

```
<!doctype html>
<html>
<head>
    <meta charset="utf-8">
```

```
    <title>段落标签的简单应用</title>
</head>
<body>
    <h2 align="center">段落标签</h2>
    <p align="left">这是第一个段落。（左对齐）</p>
    <p align="center">这是第二个段落。（居中对齐）</p>
    <p align="right">这是第三个段落。（右对齐）</p>
</body>
</html>
```

运行例 2-2，在浏览器中的显示效果如图 2-2 所示。

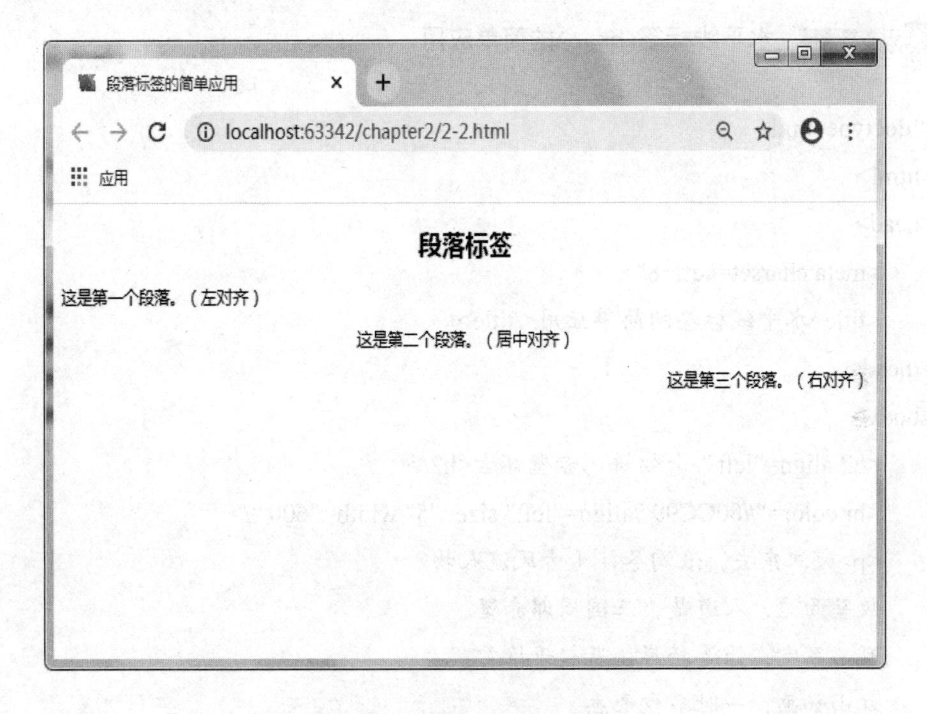

图 2-2　段落标签的简单应用

从图 2-2 可以看出，每段文本都会单独显示，并且其间都有一定的间隔。

三、水平线标签

在网页中常常会看到一些水平线将段落与段落之间隔开，使得文档结构清晰，层次分明。水平线可以通过<hr />标签来定义。

<hr />标签没有结束标签，可以单独使用，默认情况下是一条宽度为 1 像素的黑色水平线。hr 是英文 horizontal rule 的首字母缩写，其作用是绘制一条水平直线，该标签为单标签。其基本语法格式如下：

```
<hr 属性="属性值" />
```

通过为<hr />标签设置属性和属性值，可以更改水平线的样式，其常用的属性如表 2-1 所示。

表 2-1　<hr />标签的常用属性

属性名	含　义	属性值
align	设置水平线的对齐方式	可选择 left、right、center 三种值，默认为 center，居中对齐显示
size	设置水平线的粗细	以像素为单位，默认为 2 像素
color	设置水平线的颜色	可用颜色名称、十六进制#RGB、rgb(r，g，b)
width	设置水平线的宽度	可以是确定的像素值，也可以是浏览器窗口的百分比，默认为 100%

下面通过在页面上使用水平线分割段落来演示<hr />标签的用法。

例 2-3　水平线标签<hr />的简单应用

```
<!doctype html>
<html>
<head>
    <meta charset="utf-8">
    <title>水平线标签的简单应用</title>
</head>
<body>
    <h2 align="left">念奴娇·赤壁怀古<h2/>
    <hr color="#00CC99" align="left" size="5" width="600" />
    <p>大江东去，浪淘尽，千古风流人物。
    故垒西边，人道是，三国周郎赤壁。
    乱石穿空，惊涛拍岸，卷起千堆雪。
    江山如画，一时多少豪杰。
    遥想公瑾当年，小乔初嫁了，雄姿英发。
    羽扇纶巾，谈笑间，樯橹灰飞烟灭。
    故国神游，多情应笑我，早生华发。
    人生如梦，一尊还酹江月。</p>
    <hr color="#00CC99"/>
</body>
</html>
```

运行例 2-3，在浏览器中的显示效果如图 2-3 所示。

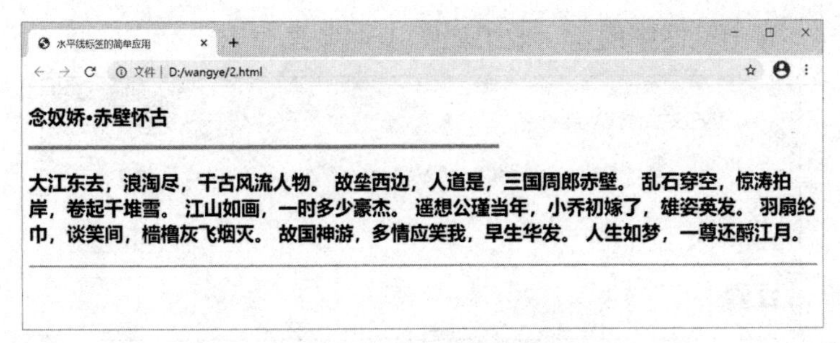

图 2-3 水平线标签的简单应用

四、换行标签

在 word 中，按【Enter】键可以将一段文字换行显示，但在网页中，如果想要将某段文本强制换行显示，就需要使用换行标签
。

换行标签
用于在当前位置产生一个换行，相当于按一次回车键所产生的效果。br 是英文 break 的缩写，该标签单独使用，无结束标签。建议使用该标签代替回车键，因为回车键所产生的多个连续换行会被浏览器自动省略。
标签每次只能换一行，如需多次换行，必须写多个
标签。

下面通过一个案例演示换行标签的具体用法。

**例 2-4 换行标签
的简单应用**

```
<!doctype html>
<html>
<head>
    <meta charset="utf-8">
    <title>换行标签的简单应用</title>
</head>
<body>
    <h2>江雪</h2>
    <hr />
    <p>
    千山鸟飞绝，<br />
    万径人踪灭。<br />
    孤舟蓑笠翁，<br />
    独钓寒江雪。
    </p>
</body>
</html>
```

运行例 2-4，在浏览器中的显示效果如图 2-4 所示。

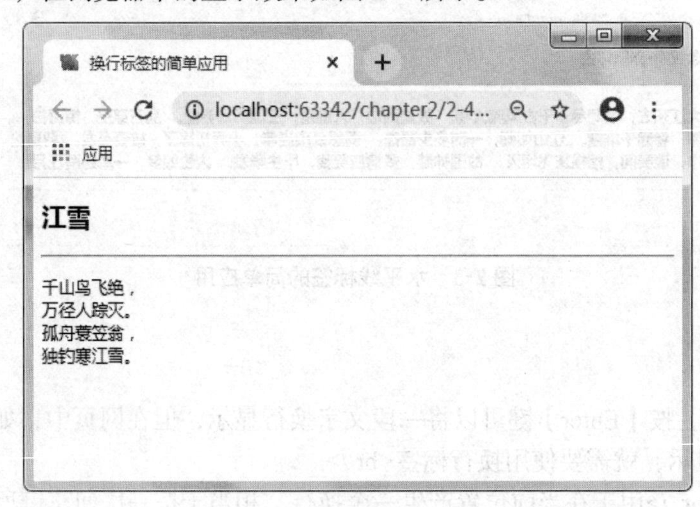

图 2-4　换行标签的简单应用

使用
标签换行后，换行后的文字和上面的文字保持相同的属性，仍然是同一个段落，也就是说，
标签使文字换行不分段。

五、文本样式标签

文本样式标记用来控制网页中文本的字体、字号和颜色。

其基本语法格式如下：

```
<font 属性="属性值">文本内容</font>
```

上述语法中<font>标签常用的属性有 3 个，如表 2-2 所示。

表 2-2　<font>标签的常用属性

属性名	含 义
face	设置文字的字体，例如微软雅黑、黑体、宋体等
size	设置文字的大小，可以取 1～7 之间的整数值
color	设置文字的颜色

接下来通过一个案例来学习<font>标签的用法和效果。

例 2-5　文本样式标签的基本应用

```
<!doctype html>
<html>
<head>
    <meta charset="utf-8">
    <title>文本样式标签基本应用</title>
</head>
```

```
<body>
    <h2 align="center">使用 font 标签设置文本样式</h2>
    <p>默认样式文本</p>
    <p><font size="3" color="green">文本是 3 号绿色文本</font></p>
    <p><font size="7" color="purple">文本是 7 号紫色文本</font></p>
    <p><font face="黑体" size="5" color="pink">文本是 5 号粉色文本，文本的字体是
宋体</font></p>
</body>
</html>
```

运行例 2-5，在浏览器中的显示效果如图 2-5 所示。

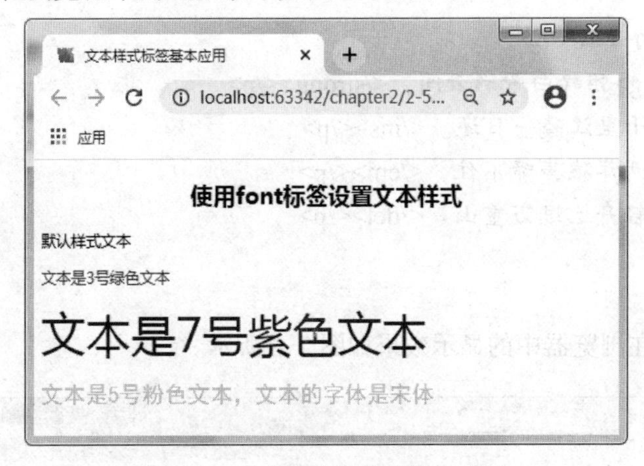

图 2-5 文本样式标签的基本应用

六、文本格式化标签

在网页中，有时需要为文字设置粗体、斜体、下划线、删除线等一些特殊显示的文本效果，为此 HTML5 提供了专门的文本格式化标签，使文字以特殊的方式显示。常用的文本格式化标签如表 2-3 所示。

表 2-3 常用的文本格式化标签

标　记	显示效果
b></b>和<strong></strong>	文字以粗体方式显示（XHTML 推荐使用 strong）
<i></i>和<em></em>	文字以斜体方式显示（XHTML 推荐使用 em）
<s></s>和<del></del>	文字以加删除线方式显示（XHTML 推荐使用 del）
<u></u>和<ins></ins>	文字以加下划线方式显示（XHTML 不赞成使用 u）

表 2-3 每行的两对文本格式化标签都能显示相同的文本效果，但后者更符合 HTML 结构的语义化，因此在 HTML5 中建议使用<strong>标签、<em>标签、<del>标签、<ins>标签来设置文本样式。

下面通过一个案例来演示常用文本格式化标签的用法。

例 2-6 文本格式化标签的简单应用

```
<!doctype html>
<html>
<head>
    <meta charset="utf-8">
    <title>文本格式化标签基本应用</title>
</head>
<body>
    <p>早发白帝城</p>
    <p><strong>朝辞白帝彩云间，</strong></p>
    <p><ins>千里江陵一日还。</ins></p>
    <p><em>两岸猿声啼不住，</em></p>
    <p><del>轻舟已过万重山。</del></p>
</body>
</html>
```

运行例 2-6，在浏览器中的显示效果如图 2-6 所示。

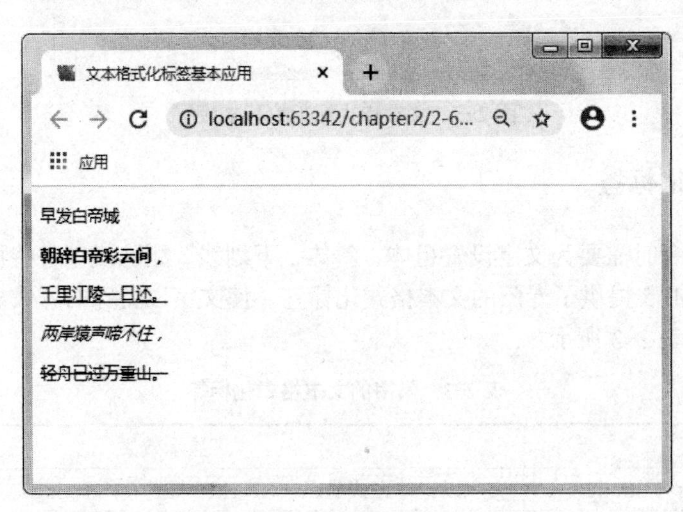

图 2-6　文本格式化标签的基本应用

七、特殊字符

在网页设计过程中，除了显示文字以外，有时还需要插入一些特殊字符，如版权符号、注册商标、货币符号、数学公式等。这些字符需要用一些特殊的符号来表示。表 2-4 列出了一些常用的特殊字符的符号代码。

表 2-4 常用特殊字符的符号代码

特殊字符	描 述	字符的代码
	空格符	
<	小于号	<
>	大于号	>
&	和号	&
¥	人民币	¥
©	版权	©
®	注册商标	®
°	摄氏度	°
±	正负号	±
×	乘号	×
÷	除号	÷
^{2}	平方 2（上标 2）	²
^{3}	三次方 3（上标 3）	³

任务 4 HTML5 图像标签

浏览网页时人们常常会被网页中的图像吸引，巧妙地在网页中穿插图像可以让网页内容变得更加丰富多彩。网页中图像太大会造成载入缓慢，太小又会影响图像的质量，本节将为大家介绍几种常用的图像格式以及在网页中插入图像的技巧。

一、常用 Web 图像格式

1. GIF 格式

GIF 格式最突出的地方就是它支持动画，同时也是一种无损的图像格式，也就是说修改图片之后，图片质量几乎没有损失，再加上 GIF 格式支持透明（全透明或全不透明），因此很适合在互联网上使用。GIF 格式常常用于 Logo、小图标及其他色彩相对单一的图像。

2. PNG 格式

PNG 格式包括 PNG-8 格式和真色彩 PNG（PNG-24 和 PNG-32）格式。相对于 GIF 格式，PNG 格式最大的优势是体积更小，支持 alpha 透明（全透明，半透明，全不透明），并且颜色过渡更平滑，但 PNG 格式不支持动画。其中 PNG-8 格式和 GIF 格式类似，只能支持 256 种颜色，如果做静态图可以取代 GIF 格式，而真色彩 PNG 格式可以支持更多的颜色，同时真色彩 PNG（PNG-32）格式支持半透明效果的处理。IE6 可以支持 PNG-8 格式，但在处理 PNG-24 格式的透明时会显示灰色。

3. JPG 格式

JPG 格式所能显示的颜色比 GIF 格式和 PNG 格式要多得多，可以用来保存超过 256 种颜色的图像，但是 JPG 格式是一种有损压缩的图像格式，这就意味着每修改一次图片都会造成一些图像数据的丢失。JPG 格式是特别为照片图像设计的文件格式，网页制作过程中类似于照片的图像，比如横幅广告、商品图片、较大的插图等都可以保存为 JPG 格式。

总的来说，在网页制作过程中选择图像时，小图片考虑 GIF 格式或 PNG-8 格式，半透明图像考虑 PNG-24 格式，类似照片的图像则考虑 JPG 格式。

二、图像标签

图像标签<img>用于在网页中嵌入图片，该标签无须结束标签，可单独使用。标签中的元素名称 img 来源于英文单词 image（图像）。

图像标签的基本语法格式如下：

```
<img src="图像 URL" />
```

src 属性用于指定图像文件的路径和文件名，是 img 标签的必需属性。

要想在网页中灵活地使用图像，仅仅依靠 src 属性是远远不够的，为此 HTML5 还为<img />标签准备了丰富的属性，具体如表 2-5 所示。

表 2-5　<img />标签的属性

属　性	属性值	描　述
src	URL	图像的路径
alt	文本	图像不能显示时的替换文本
title	文本	鼠标悬停时显示的内容
width	像素（XHTML 不支持%页面百分比）	设置图像的宽度
height	像素（XHTML 不支持%页面百分比）	设置图像的高度
border	数字	设置图像边框的宽度
vspace	像素	设置图像顶部和底部的空白（垂直边距）
hspace	像素	设置图像左侧和右侧的空白（水平边距）
align	left	将图像对齐到左边
	right	将图像对齐到右边
	top	将图像顶端和文本第一行文字对齐，其他文字居图像下方
	middle	将图像的水平中线和文本第一行文字对齐，其他文字居图像下方

表 2-5 对<img />标签的常用属性做了简要的描述，下面来对它们进行详细讲解，具体如下。

1．alt 属性

图像的替换文本属性，在图像无法显示时告诉用户该图片的内容。

2．width/height 属性

用来定义图片的宽度和高度，通常只设置其中的一个，另一个会按原图等比例显示。

3．border 属性

为图像添加边框、设置边框宽度。但边框颜色的调整仅通过 HTML 属性是无法实现的。

4．vspace/hspace 属性

HTML 中通过 vspace 属性和 hspace 属性可以分别调整图像的垂直边距和水平边距。

5．align 属性

图像的对齐属性 align，用于调整图像的位置。

下面通过一个案例来演示图像标签及其相关属性的基本应用。

例 2-7　图像标签及其属性的基本应用

```
<!doctype html>
<html>
<head>
    <meta charset="utf-8">
    <title>图像标签及其属性的基本应用</title>
</head>
<body>
    <h1>最美的遇见</h1>
    <img src="zmdyj.jpg" alt="最美的遇见" width="500" height="400" border="1" hspace="10" vspace="10" align="left" />
    <p>        在一个没有星星没有月亮的夜晚，只有丝丝清风透过纱窗，捎来阵阵凉意。一个人静静地坐在窗前任思绪飞扬，闭上眼，脑海里浮现的都是你的身影，想象着此刻的你，早已进入了甜蜜的梦乡，这个时候，都想写篇文字给你，然而，纵有千言万语却不知从何写起，惟有任纷乱的思绪缠绕着我，任思念从键盘恣意蔓延。<br/>
       在这静静的夜晚想你，想你话很多很多，但此时此刻，我却一句词语也表达不出来。思念，还是思念，穿透幽远深邃的苍穹，将你久久地注视。就这么静静地想你，静静地在心底呼唤着你。我真的很想在这宁静的夜空里与你共享美好的夜晚。<br/>
            尽管我知道，这样的心声离我们很远，很远，只能梦里与你相随。但我总觉得，无论多远，你一定能够听到。<br/>
            佛说：前世五百年的回眸，才换来今生的擦肩而过。那么今世的与你相遇，是否是我经历了前世千百次的回首，我不知道前世的我们是否真的有缘，我只想告诉你，今世能够与你相遇，能够与你做一世的知己，真好！<br/>
            写到这里，思绪仍在飞扬，清
```

晰的依然是你，我，还有那一份思念，我不知道究竟该如何传达这份心意，惟有寄予清风，当它飞跃遥远的他乡时，相信你能感应。有一句话深埋在心底，很想对你说：你知道吗？遇见你，是我一生最美的相遇……</p>

</body>

</html>

运行例 2-7，在浏览器中的显示效果如图 2-7 所示。

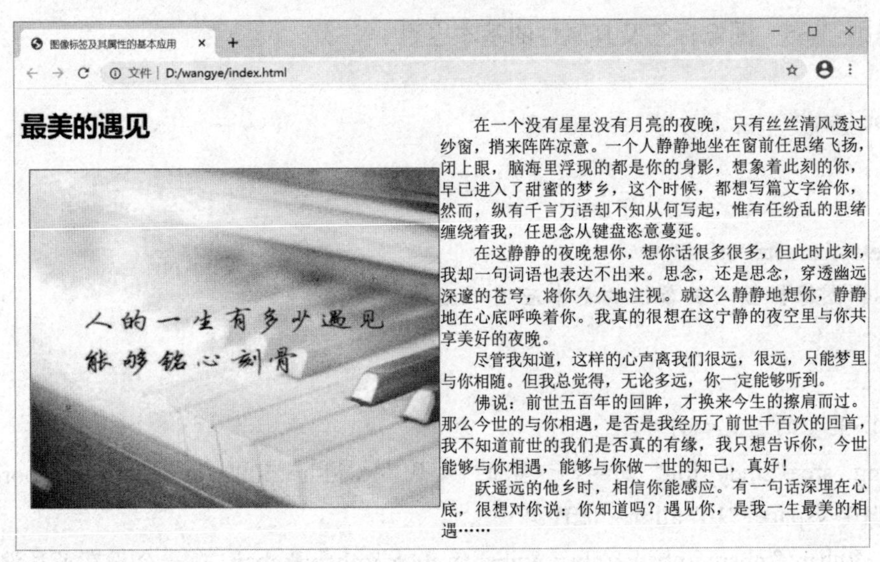

图 2-7　图像标签的基本应用

注意

浏览器对 alt 属性的解析不同，有的浏览器不能正常显示 alt 属性的内容。

width 和 height 属性默认的单位都是 px（像素），也可以使用百分比。使用百分比实际上是相对当前窗口的宽度和高度。

若不给 img 标记设置 width 和 height 属性，则图像按原始尺寸显示；若只设置其中的一个值，则另一个会按原图等比例显示。

设置图像的 width 和 height 属性可以实现对图像的缩放，但这样做并没有改变图像文件的实际大小。如果要加快网页的下载速度，最好使用图像处理软件将图像调整到合适大小，然后再置入网页中。

项目案例

制作“类脑计算机智能技术系统”页面

本项目前几节重点介绍了 HTML 的结构、HTML 文本控制标签和 HTML 图像标签，本节将通过案例的形式分步骤实现网页中常见的图文混排效果。页面效果如图 2-8 所示。

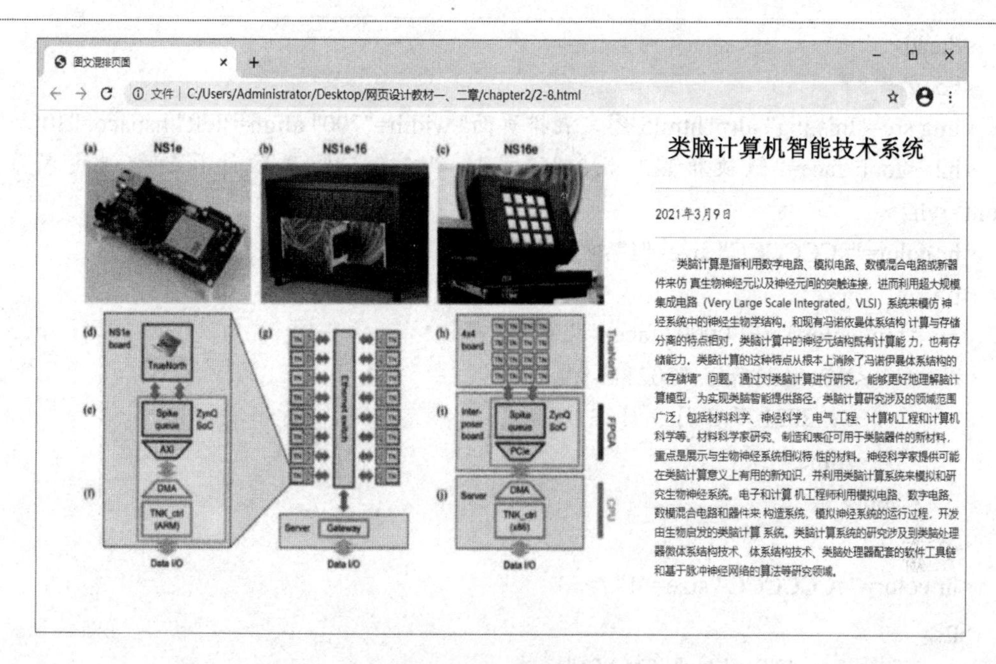

图 2-8 图文混排页面

一、分析页面模块效果图

为了提高网页制作效率，当拿到一个页面的效果图时，应当对其结构和样式进行分析。在图 2-8 中既有图像又有文字，并且图像居左，文字居右排列，图像和文字之间有一定的距离。同时文字由标题和段落文本组成，它们之间设置了水平分割线。

通过上面的分析，可以知道在页面中需要使用<img />标签插入图像，同时使用<h2>标签和<p>标签分别设置标题和段落文本。接下来对<img />标签应用 align 属性和 hspace 属性实现图像居左，文字居右，且图像和文字之间有一定距离的排列效果。最后在段落前使用空格符“ ”实现留白效果。分割线可以使用<hr />标签通过属性定义具体样式。

二、搭建页面模块结构

根据上面的分析，可以使用相应的 HTML5 来搭建网页结构。使用<img />标签插入图像，同时通过<h2>标签和<p>标签分别定义标题和段落文本。使用<hr />标签定义水平分割线。

三、控制页面模块图像

实现图像居左，文字居右，并且图像和文字之间有一定距离的排列效果，就需要使用图像的对齐属性 align 和水平边距属性 hspace。

至此，就通过 HTML 标签及其属性实现了网页中常见的图文混排效果。

四、完整代码

```
<!doctype html>
<html>
<head>
    <meta charset="utf-8">
    <title>图文混排页面</title>
```

```
</head>
<body>
<img src="lnjs.jpg" alt="html5 图文混排页面" width="700" align="left" hspace="30"/>
<h2><font face="微软雅黑" size="6" color="#545454">类脑计算的智能技术系统
</font></h2>
<hr color="#CCCCCC" size="1" />
<p>
    <font color="#FF0000" face="楷体">
        <time datetime="2021-3-9">
            2021 年 3 月 9 日
        </time>
    </font>
</p>
<hr color="#CCCCCC" size="1" />
<p>
    <font size="2" color="#515151">
               类脑计算是指利用数字电
路、模拟电路、数模混合电路或新器件来仿
        真生物神经元以及神经元间的突触连接，进而利用超大规模集成电路（Very
Large Scale Integrated，VLSI）系统来模仿
        神经系统中的神经生物学结构。和现有冯诺依曼体系结构 计算与存储分离
的特点相对，类脑计算中的神经元结构既有计算能
        力，也有存储能力。类脑计算的这种特点从根本上消除了冯诺伊曼体系结构
的“存储墙”问题。通过对类脑计算进行研究，
        能够更好地理解脑计算模型，为实现类脑智能提供路径。类脑计算研究涉及
的领域范围广泛，包括材料科学、神经科学、电气
        工程、计算机工程和计算机科学等。材料科学家研究、制造和表征可用于类
脑器件的新材料，重点是展示与生物神经系统相似特
        性的材料。神经科学家提供可能在类脑计算意义上有用的新知识，并利用类
脑计算系统来模拟和研究生物神经系统。电子和计算
        机工程师利用模拟电路、数字电路、数模混合电路和器件来 构造系统，模
拟神经系统的运行过程，开发由生物启发的类脑计算
        系统。类脑计算系统的研究涉及到类脑处理器微体系结构技术、体系结构技
术、类脑处理器配套的软件工具链和基于脉冲神经网络的算法等研究领域。
    </font>
</p>
</body>
</html>
```

【习题】

一、选择题

1．下列标记中，用于定义 HTML 文档所要显示标题的是（　　）。

A．<head> </head>　　B．<body> </body>

C．<html> </html>　　D．<title> </title>

2．下列选项中，说法不正确的是（　　）。

A．<p></p>是一个双标记

B．标记分为单标记和双标记

C．<h2/> 二级标题是一个单标记

D．在 HTML 中还有一种特殊的标记——注释标记

3．下列选项中，不属于文本标记属性的是（　　）。

A．align　　B．nbsp

C．color　　D．face

4．下列选项中，字号最小的是哪一项？（　　）。

A．<h1>　　B．<h2>

C．<h3>　　D．<h4>

5．下列关于<div>标记的描述错误的是（　　）。

A．所有的 HTML 标记都可以嵌套在<div>中

B．<div> 可定义文档中的分区或节

C．<div>中还可以嵌套多层<div>

D．<div>与</div>之间相当于一个容器，可以容纳段落、标题、图像等各种网页元素

二、填空题

1．________标记标志着 HTML 文档的开始，________标记标志着 HTML 文档的结束。

2．浏览器中显示的所有文本、图像、音频和视频等信息都必须位于________标记内。

3．在 HTML 中，表示内嵌 CSS 样式的标记是________。

4．在 HTML 中，文本标记负责给文本添加语义，其中<p>标记为文本添加________语义。

5．________标记是一个区块容器标记，可以将网页分割为独立的、不同的部分，以实现网页的规划和布局。

三、操作题

创建一个简单网页，并用浏览器进行测试，提交一个 html 文件，具体要求如下：

1．网页主题为“电子信息学院”，显示效果为：二级标题，文字颜色为“蓝色”，居中。

2．网页相应的文本内容为“计算机应用技术、计算机信息管理、软件技术、数字媒体艺术设计、电子信息工程技术、大数据、信息安全与管理”。显示效果为：字号为“7”，文字颜色为“绿色”，字体为“微软雅黑”。

3．自己找一张图片，添加到页面，并设置合适的位置和大小。

项目三

CSS3 选择器

学习目标

- 了解 CSS 样式规则
- 掌握 CSS 字体样式及文本外观属性
- 掌握 CSS 基本选择器、复合选择器
- 掌握 CSS 层叠性、继承性和优先性
- 掌握引入 CSS 样式表的不同方式
- 学会控制页面中的文本外观样式

思政映射

- 通过对“走进陕西”网站首页的制作，培养学生深厚的爱国情感和中华民族自豪感
- 具有环保意识，热爱大自然的意识
- 培养学生分析问题、解决问题及创造思维能力
- 培养学生对程序设计的兴趣，充分发挥学生的自主学习能力

任务 1　认识 CSS3

一、CSS 核心基础

在网页制作中，想要网页美观、大方，符合设计要求，并且维护方便，就需要使用 CSS 实现结构与表现分离。

1. CSS 样式规则

怎样使用 CSS 样式呢？首先要学习它的语法格式。CSS 的基本语法格式如下：

选择器{属性 1:属性值 1; 属性 2:属性值 2; 属性 3:属性值 3;}

在上面的样式规则中，选择器用于指定 CSS 样式作用的 HTML 对象，花括号内是对该对象设置的具体样式。其中，属性和属性值称为“键值对”，用英文“:”连接，多个“键值对”之间用英文“;”区分。如：p{font-size: 18px; text-align: center;}

注意

CSS 样式中的选择器严格区分大小写；“:”“;”和“{}”均为英文符号。

2．引入样式表

使用 CSS 修饰网页元素时，首先需要引入 CSS 样式表，常用的样式表主要有行内式、内嵌式和外链式三种。

（1）行内式。行内式，常被称为内联样式，通过一个<style>属性来设置元素的样式。其基本语法格式如下：

<标记名 style="属性 1:属性值 1;属性 2:属性值 2; ">内容</标记名>

例 3-1 CSS 样式表的引入——行内样式

```
<!DOCTYPEhtml>
<html>
<head lang="en">
<meta charset="UTF-8">
<title>CSS 样式表的引入——行内样式</title>
</head>
<body>
<h1 align="center">CSS 样式表的引入——行内样式</h1>
<hr/>
<p>这是一个文本段落标记，谷歌浏览器默认格式为：微软雅黑、16px、黑色。</p>
<p>常用的 CSS 样式表引入有三种方法：行内式、内嵌式、外链式。</p>
<p style="font-size: 20px;font-family: 隶书;color: blue;">这是一个行内式引入样式方法。</p>
</body>
</html>
```

运行效果如图 3-1 所示。

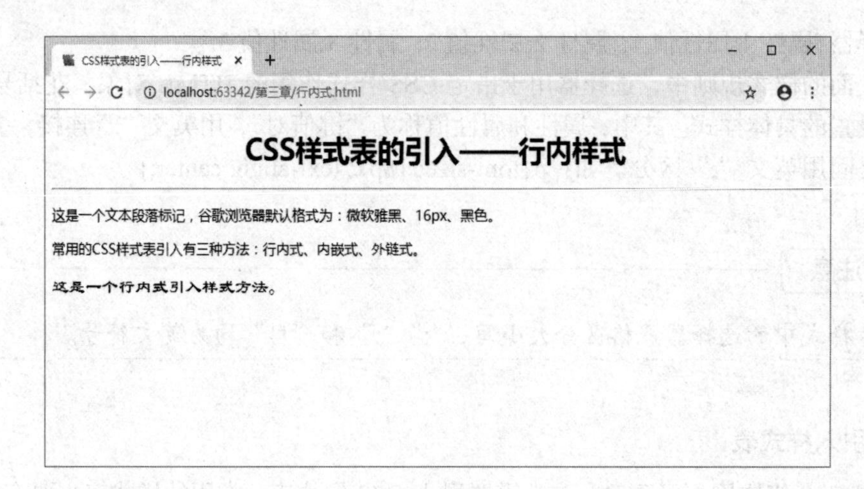

图 3-1　行内样式

在例 3-1 中，代码：<p style="font-size: 20px;font-family: 隶书;color: blue;">这是一个行内式引入样式方法。</p>，使用了行内样式。

行内式是通过标签属性来控制元素的样式，没有实现样式和结构相分离，不推荐使用。

（2）内嵌式。内嵌式，是将 CSS 代码集中写在 HTML 文档的<head></head>头部标记中，并且用一对<style></style>标记定义。

其基本语法格式如下所示：

```
<head>
<style>
选择器{属性 1:属性值 1;属性 2:属性值 2;属性 3:属性值 3;}
</style>
</head>
```

例 3-2　CSS 样式表的引入——内嵌式

```
<!DOCTYPE html>
<html>
<head lang="en">
    <meta charset="UTF-8">
    <title>CSS 样式表的引入——内嵌式</title>
    <style>
        h1{text-align: center;}
        #style{
            font-size: 20px;
            font-family: "隶书";
            color: blue;
```

```
        }
    </style>
</head>
<body>
    <h1>CSS 样式表的引入——内嵌式</h1>
    <hr/>
    <p>这是一个文本段落标记，谷歌浏览器默认格式为：微软雅黑、16px、黑色。
</p>
    <p>常用的 CSS 样式表引入有三种方法：行内式、内嵌式、外链式。</p>
    <p id="style">这是一个内嵌式引入样式方法。</p>
</body>
</html>
```

运行效果如图 3-2 所示。

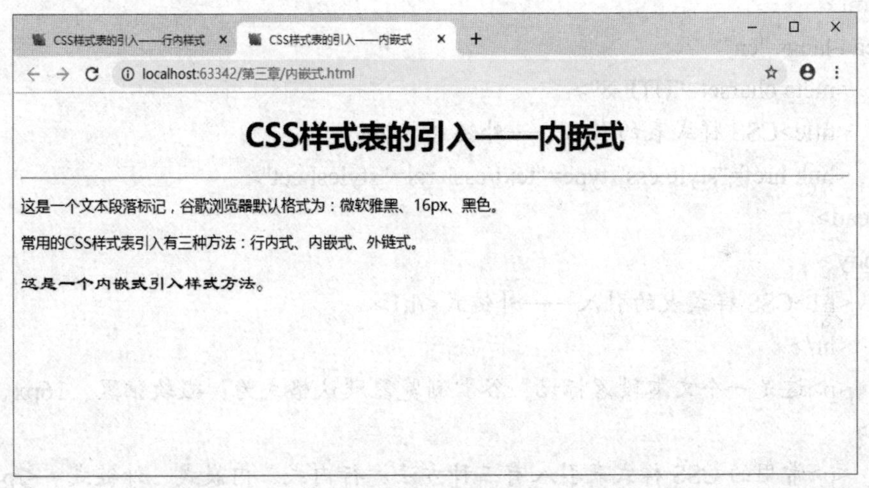

图 3-2　内嵌式

在例 3-2 中，代码：

```
<style>
        h1{text-align: center;}
        #style{
            font-size: 20px;
            font-family:"隶书";
            color: blue;
        }
    </style>
```

使用了内嵌式，分别为 h1 和#style 创建了样式。

（3）链入式。链入式也称外链式，它将所有的样式都放在一个或多个以.css 为扩展名的外部样式表文件中，通过<link>标记将外部样式表文件链接到 HTML 文档中。

其基本语法格式如下：

```
<head>
<link href="CSS 文件的路径" type="text/css" rel="stylesheet" />
</head>
```

其中，href 定义了要链入的样式文件表的路径，可以是相对路径或绝对路径，建议使用相对路径。type 定义了链入文档的类型，选择“text/css”表示链入文档是 CSS 样式表，type 属性也可以省略。rel 定义当前文档与被链接文件的关系，需要指定为 stylesheet，表示样式表文件。下面通过例题学习外链式的方法。

例 3-3　CSS 样式表的引入——外链式

```
<!DOCTYPE html>
<html>
<head lang="en">
    <meta charset="UTF-8">
    <title>CSS 样式表的引入——外链式</title>
    <link href="style.css" type="text/css" rel="stylesheet">
</head>
<body>
    <h1>CSS 样式表的引入——外链式</h1>
    <hr/>
    <p>这是一个文本段落标记，谷歌浏览器默认格式为：微软雅黑、16px、黑色。
</p>
    <p>常用的 CSS 样式表引入有三种方法：行内式、内嵌式、外链式。</p>
    <p id="style">这是一个外链式引入样式方法。</p>
</body>
样式文件 style.css:
@charset "UTF-8";
h1{text-align: center;}
#style{
    font-size:20px;
    font-family:"隶书";
    color: blue;
}
```

例 3-3 中，通过 link 标记将 style.css 文件链入 HTML 中，实现了样式控制。运行效果如图 3-3 所示。

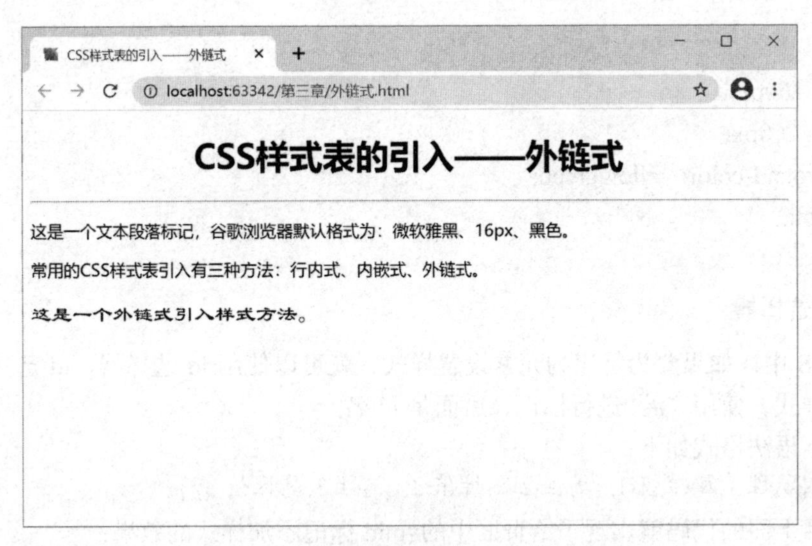

图 3-3　CSS 样式表的引入——外链式

任务 2　基础选择器

一、基础选择器

在 CSS 样式使用中，如果要将样式应用给指定的 HTML 标签，需要先指定该标签。在 CSS 中，将查找目标元素的样式规则，称之为选择器。在 CSS 中，将选择器分为基础选择器和复合选择器。这里主要讨论基础选择器。基础选择器有标签选择器、id 选择器、类选择器和通配符选择器。

1. 标签选择器

标签选择器也叫元素选择器，是 CSS 中最常见的选择器，它用 HTML 标记名称作为选择器，按标记名称分类，可以为页面中的某一类标签指定统一的 CSS 样式。

其基本语法格式如下：

```
标记名{属性 1:属性值 1; 属性 2:属性值 2; 属性 3:属性值 3; }
```

例如，下面的代码就实现了给页面中的所有 h2 和 p 标记添加相同样式的效果：

```
h2{color:blue; text-align:center;}
p{ font-size:18px; color:red; text-align:right;}
```

2. 类选择器

类选择器可以给一类具有相同样式的元素同时添加共同的样式。在标记中使用 class 定义类名，添加使用“.”（英文点号）进行标识，后面是类名。

其基本语法格式如下：

```
.类名{属性 1:属性值 1;属性 2:属性值 2;属性 3:属性值 3;}
```

例如，下面的代码就实现了给页面中的.one 类名标记添加相同样式的效果：

```
.one{
width: 200px;
height: 200px;
background-color: yellowgreen;
float:left;
}
```

3. id 选择器

在 CSS 中，如果要为特定的元素设置样式，就可以使用 id 选择器。id 选择器为一个元素添加样式，使用“#”进行标识，后面是 id 名。

其基本语法格式如下：

```
#id 名{属性 1:属性值 1; 属性 2:属性值 2; 属性 3:属性值 3; }
```

例如，下面的代码就实现了给页面中的#mid 标记添加样式的效果：

```
#mid{
width: 600px;
height: 300px;
background-color: palevioletred;
}
```

4. 通配符选择器

通配符选择器可以为页面内所有元素添加样式，使用范围最广。通配符选择器通常用于页面基础样式的定义，使用“*”进行标识。

其基本语法格式如下：

```
*{属性 1:属性值 1;属性 2:属性值 2;属性 3:属性值 3; }
```

例如，下面的代码就实现了给页面中所有元素清除内外边距的效果：

```
*{padding: 0; margin: 0;}
```

例 3-4　CSS 基础选择器的使用

```
<!DOCTYPE html>
<html>
<head lang="en">
    <meta charset="UTF-8">
    <title>CSS 基础选择器的使用</title>
    <style>
        /*通配符选择器：可以匹配页面中所有的元素*/
        *{
            width: 500px;
            margin: 0 auto;
```

```
            background-color: antiquewhite;
        }
        /*标签选择器*/
        h2{text-align: center;}
        p{font-size: 18px;}
        /*类选择器*/
        .special{font-weight:900;}
        /*id 选择器*/
        #pOne{color: red;}
    </style>
</head>
<body>
    <h2>CSS 基础选择器</h2>
    <hr/>
    <p>这是段落标签 p。</p>
    <p class="special">为 p 标记添加类名.special,添加文字加粗效果,字体为隶书，缩
进 2em。</p>
    <p>为段落文本添加<ins>下划线、蓝色</ins>效果。</p>
    <ins>下划线效果的文字。</ins>
    <h3>三级标题文本。</h3>
    <p id="pOne">为 p 标记添加类名#pOne，设置字体颜色为 red。</p>
    <h4>四级标题</h4>
    <h5 class="special">为五级标题添加类名.special,添加文字加粗效果。</h5>
</body>
</html>
```

例 3-4 中，分别使用四种基础选择器为页面元素添加了样式。运行效果如图 3-4 所示。

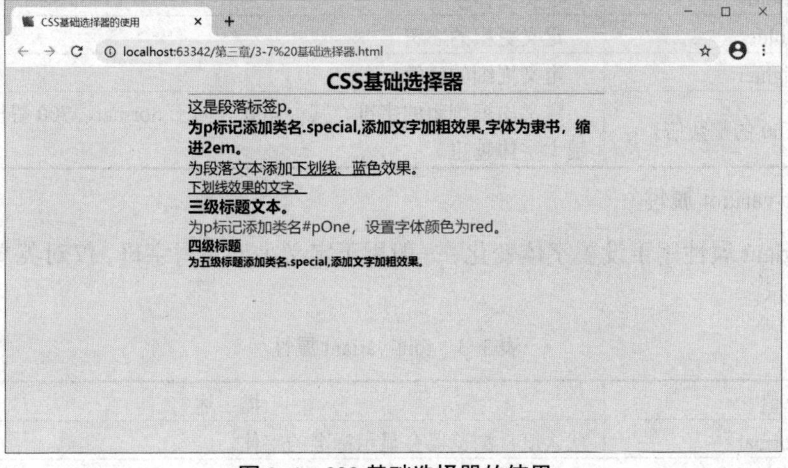

图 3-4　CSS 基础选择器的使用

二、CSS 控制文本样式

学习 HTML 时，可以使用文本样式标记及其属性控制文本的显示样式，但是这种方式烦琐且不利于代码的共享和移植。为此，CSS 提供了相应的文本样式属性。

（一）CSS 字体样式属性

1．font-size

font-size 属性用于设置字体的字号，常用的单位如表 3-1 所示。

表 3-1　font-size 属性

相对长度单位	说　明
em	相对于当前对象内文本的字体尺寸
px	像素，最常用，推荐使用
绝对长度单位	说明
in	英寸
cm	厘米
mm	毫米
pt	点

2．font-family

font-family 属性用于设置字体。网页中常用的字体有宋体、微软雅黑、黑体等。例如：p{font-family:“微软雅黑”;}，在使用中文字体时，名称要用一对英文双引号包裹。

3．font-weight

font-weight 属性用于定义字体的粗细，如表 3-2 所示。

表 3-2　font-weight 属性

值	描　述
normal	默认值。定义标准的字符
Bold	定义粗体字符
Bolder	定义更粗的字符
Lighter	定义更细的字符
100~900（100 的整数倍）	定义由细到粗的字符。其中 400 等同于 normal，700 等同于 bold，值越大字体越粗

4．font-variant 属性

font-variant 属性用于设置字体变化，一般用于定义小型大写字母，仅对英文字符有效，如表 3-3 所示。

表 3-3　font-variant 属性

值	描　述
normal	默认值，浏览器会显示标准的字体
small-caps	浏览器会显示小号字的大写字母

5．font-style 属性

该属性用于定义字体风格是否为斜体。如设置斜体、倾斜或正常字体，如表 3-4 所示。

表 3-4　font-style 属性

值	描　述
normal	默认值，浏览器会显示标准的字体
italic	浏览器会显示斜体的字体样式
oblique	浏览器会显示倾斜的字体样式

6．font 属性

font 属性用于对字体样式进行综合设置，其基本语法格式如下：

```
选择器{font:font-style font-variant font-weight font-size/line-height font-family;}
```

（二）CSS 文本外观属性

1．color

color 用于设置文本颜色，常用的颜色有预定义的颜色值、十六进制、RGB 预定义的颜色值，如 red，green，blue 等。十六进制，如#FF0000，#FF6600，#29D794 等。实际工作中，十六进制是最常用的定义颜色的方式。RGB，如红色可以表示为 rgb(255，0，0)或 rgb(100%，0%，0%)。

2．word-spacing

word-spacing 用于设置单词间距，仅用于定义英文单词之间的间距，对中文字符无效。word-spacing 和 letter-spacing 一样，其属性值可为不同单位的数值，允许使用负值，默认为 normal。

3．letter-spacing

letter-spacing 用于设置字间距，字间距就是字符与字符之间的空白。其属性值可为不同单位的数值，允许使用负值，默认为 normal。

4．line-height

line-height 用于设置行间距，行间距就是行与行之间的距离，即字符的垂直间距，一般称为行高。常用的属性值单位有三种，分别为像素 px，相对值 em 和百分比%，实际工作中使用最多的是像素 px。

5．text-transform

text-transform 用于控制英文字符的大小写。其可用属性值如表 3-5 所示。

表 3- 5　text-transform 属性

值	描　述
none	不转换（默认值）
capitalize	首字母大写
uppercase	全部字符转换为大写
lowercase	全部字符转换为小写

6．text-decoration

text-decoration 用于设置文本的下划线、上划线、删除线等装饰效果。其可用属性值如表 3-6 所示。

表 3-6　text-decoration 属性

值	描　述
none	没有装饰（默认值）
underline	下划线
overline	上划线
line-through	删除线

7．text-align

text-align 用于设置文本内容水平对齐方式，其属性值如表 3-7 所示。

表 3-7　text-align 属性

值	描　述
left	左对齐（默认值）
right	右对齐
center	居中对齐

8．text-indent

text-indent 用于设置首行文本的缩进。其属性值可为不同单位的数值、em 字符宽度的倍数或相对于浏览器窗口宽度的百分比，允许使用负值，建议使用 em 作为设置单位。

9．white-space

white-space 可设置空白符的处理方式。其属性值如表 3-8 所示。

表 3-8　white-space 属性

值	描　述
normal	默认值，文本中的空格、空行无效，满行（到达区域边界）后自动换行
pre	预格式化，按文档的书写格式保留空格、空行原样显示
nowrap	空格空行无效，强制文本不能换行，除非遇到换行标记 。内容超出元素的边界也不换行，若超出浏览器页面则会自动增加滚动条

例 3-5　CSS 控制文本样式的使用

```
    <!DOCTYPE html>
<html>
<head lang="en">
    <meta charset="UTF-8">
    <title>基础选择器、文本控制样式</title>
```

```
</head>
    <style>
        /*通配符选择器*/
        *{width: 980px;margin: 0 auto;}
        /*标记选择器*/
        h1{color: blue;}
        p{color: green;}
        /*id 选择器*/
        #size{font-size: 36px;}
        #family{font-family: "宋体";}
        #weight{font-weight: bolder;}
        @font-face {
            font-family: jianzhi;
            src: url(FZJZJW.TTF);
        }
        #service{
            font-size: 30px;
            font-family: jianzhi;
        }
        #variant{font-variant: small-caps;}
        #style{font-style: italic;}
        #word{background-color: aquamarine;}
        #letter-spacing{letter-spacing: 30px;}
        #word-spacing{word-spacing: 30px;}
        #line-height{line-height:60px;}
        #text-align{text-align: center;}
        #transform{text-transform: uppercase;}
        #decoration{text-decoration: line-through;}
        #indent{text-indent: 2em;font-size: 36px;}
        #shadow{
            font-size: 26px;
            text-shadow: 2px 3px 3px yellow,5px 6px 5px red;}
        #space{white-space: pre;}
        /*类选择器 div1*/
        .div1{
            width: 300px; height: 100px;
            background-color: peachpuff;
            margin: 5px;
```

```
        }
    </style>
<body>
    <h1>基础选择器和文本控制样式,设置字体颜色为 blue。</h1>
    <div id="word">
        <h3>id 选择器 word</h3>
        <p>标准文本格式</p>
        <p id="size">设置字体大小为 36px</p>
        <p id="family">设置字体为宋体文字</p>
        <p id="weight">设置字体为宋体较粗文字</p>
        <p id="service">设置服务器字体：FZJZJW.TTF。</p>
        <p id="variant">设置字体为小型大写字母：变体 BIANTIbianti</p>
        <p id="style">设置字体为斜体</p>
        <p id="letter-spacing">设置字符间距为 30px。</p>
        <p id="word-spacing">设置英文单词间距为 30px，Word spacing is 30 px。</p>
        <p id="line-height"> 设置行间距为 30px。</p>
        <p id="text-align">文本格式居中</p>
        <p id="transform">文本转换为大写：Wen ben zhuan huan wei daxie。</p>
        <p id="decoration">设置文本装饰：删除线</p>
        <p id="indent">设置文本首行缩进 2em。</p>
        <p id="shadow">为文本添加双重阴影效果：2px 3px 3px yellow,5px 6px 5px red。
</p>
        <p id="space">设置文

            本空白符处理：预设。</p>
    </div>
    <h3>类选择器</h3>
    <div class="div1">
        <p>div 设置 width：300px；height：100px；</p>
    </div>
    <div class="div1">
        <p>div 设置 width：300px；height：100px；</p>
    </div>
</body>
</html>
```

例 3-5 中,应用 CSS 控制文本样式为页面元素添加了不同的样式。运行效果如图 3-5 所示。

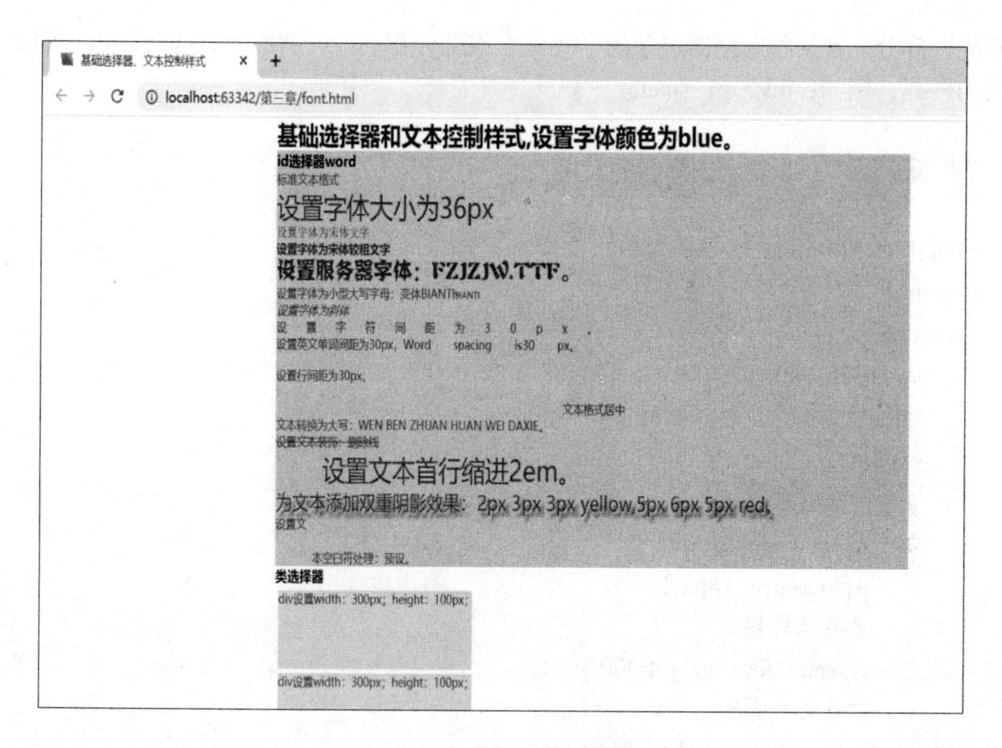

图 3-5　CSS 文本控制样式

任务 3　高级选择器

一、CSS 复合选择器

仅仅学习 CSS 基础选择器、CSS 控制文本样式，并不能良好地控制网页中元素的显示样式。想要使用 CSS 实现结构与表现的分离，解决工作中出现的 CSS 调试问题，就需要学习 CSS 复合选择器。

1．标签指定式选择器

标签指定式选择器又称交集选择器，由两个选择器构成，其中第一个为标签选择器，第二个为 class 选择器或 id 选择器，两个选择器之间不能有空格，例如：h3.special 或 p#one。

2．后代选择器

后代选择器用来选择元素或元素组的后代，其写法就是把外层标记写在前面，内层标记写在后面，中间用空格分隔。当标记发生嵌套时，内层标记就成为外层标记的后代，例如：div p span。

3．并集选择器

并集选择器是各个选择器通过逗号连接而成的，任何形式的选择器都可以作为并集选择器的一部分。若某些选择器定义的样式完全或部分相同，可利用并集选择器为它们定义相同的样式，例如：div，p，span。

例 3-6 CSS 复合选择器的使用

```
<!DOCTYPE html>
<html>
<head lang="en">
    <meta charset="UTF-8">
    <title>CSS 复合选择器的使用</title>
    <style>
        /*标签选择器*/
        h2{text-align: center;}
        p{font-size: 18px;}
        /*类选择器*/
        .special{font-weight:900;}
        /*id 选择器*/
        #pOne{color: red;}
        /*标签指定式选择器*/
        p.special{
            font-family: "隶书";
            text-indent: 2em;
        }
        /*后代选择器*/
        p ins{color: blue;}
        /*并集选择器*/
        h3,h4,ins,.special,#pOne{
            font-size: 26px;
            text-shadow: 5px 3px 3px yellow;
        }
    </style>
</head>
<body>
    <h2>CSS 复合选择器</h2>
    <hr/>
    <p>这是段落标签 p。</p>
    <p class="special">为 p 标记添加类名.special，添加文字加粗效果，字体为隶书，
缩进 2em。</p>
```

```
    <p>为段落文本添加<ins>下划线、蓝色</ins>效果。</p>
    <ins>下划线效果的文字。</ins>
    <h3>三级标题文本。</h3>
    <p id="pOne">为 p 标记添加类名#pOne，设置字体颜色为 red。</p>
    <h4>四级标题</h4>
    <h5 class="special">为五级标题添加类名.special，添加文字加粗效果。</h5>
</body>
</html>
```

例 3-6 中，分别用基础选择器和复合选择器为文字添加了样式。运行效果如图 3-6 所示。

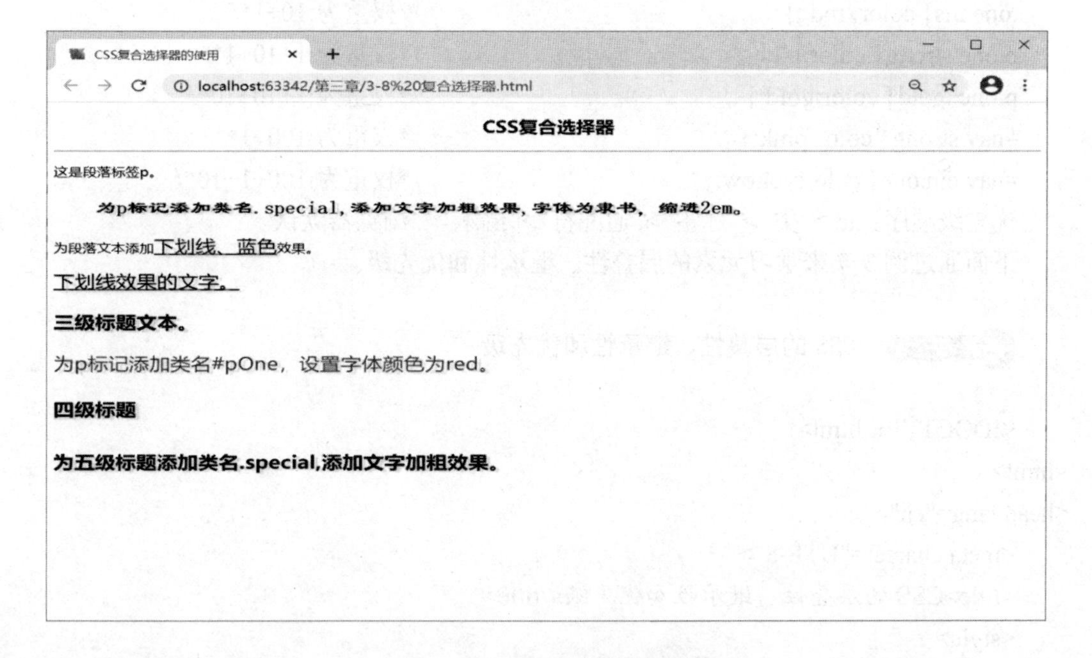

图 3-6　CSS 复合选择器的使用

二、层叠性与继承性

CSS 是层叠样式表的简称，层叠性和继承性是 CSS 的基本特征。

1. 层叠性

层叠性指多种 CSS 样式的叠加。例如，<p>元素设置了 font-size 属性、color 和 font-family 属性，那么<p>元素就有了多种样式，即样式叠加。

2. 继承性

继承性指书写 CSS 样式表时，后代标记会继承父标记的某些样式，简单说，就是给父元素设置的一些属性，后代元素也可以使用，如文本颜色和字号。

但不是所有的属性都可以继承，例如：边框属性、内外边距属性、定位属性、宽度高度属性、背景属性、<a>标记的文字颜色和下划线等等，是不能继承的。

三、优先级

在定义 CSS 样式时，当多个选择器选中同一个标签，并且给同一个标签设置相同的属性时，如何层叠就出现了优先级问题。

浏览器怎样根据优先级规则解析 CSS 样式呢？CSS 为每种基础选择器都分配了一定的权重，标签选择器的权重为 1，类选择器的权重为 10，id 选择器的权重为 100，复合选择器（除并列选择器）的权重就是这些基础选择器的权重叠加。例如：

```
p em{ color:red;}                          /*权重为:1+1*/
h3.one{ color:yellow;}                     /*权重为:1+10*/
.one ins{ color: red ;}                    /*权重为:10+1*/
p.one strong{ color:blue;}                 /*权重为:1+10+1*/
p.one .gold{ color:gold;}                  /*权重为:1+10+10*/
#nav strong{ color:pink;}                  /*权重为:100+1*/
#nav em.one{ color:yellow;}                /*权重为:100+1+10*/
```

优先级顺序：id > 类 > 标签 > 通配符 > 继承 > 浏览器默认。

下面通过例 3-7 来学习元素的层叠性、继承性和优先级。

例 3-7 CSS 的层叠性、继承性和优先级

```
    <!DOCTYPE html>
<html>
<head lang="en">
    <meta charset="UTF-8">
    <title>CSS 的层叠性、继承性和优先级</title>
    <style>
        body{
            border: 2px dashed orangered;
            text-decoration: underline;
        }
        p{
            font-family: "隶书";
            font-size:18px;
            color:blue;
        }
        .special{
            color:red;
        }
        #word{
```

```
            font-family: "华文行楷";
            color:green;
        }
    </style>
</head>
<body>
    <h2>CSS 的层叠性和继承性</h2>
    <hr>
    <p>这是一个段落文本</p>
    <p id="word" class="special">这是一个段落文本</p>
    <p class="special">这是一个段落文本</p>
</body>
</html>
```

在例 3-7 中，为<body>设置了边框和文本下划线效果，三个 p 元素都设置了字体、字号和字体颜色，第二个 p 元素添加了 id 名和类名，第三个 p 元素添加了类名。三个 p 元素就产生了样式叠加，也就是 CSS 样式的层叠性；所有的 p 元素都继承了<body>的文字下划线效果，但没有继承边框效果，这就是 CSS 样式的继承性；第二个 p 标记的 id 优先级高于 p 元素的，因此文字的字体是“华文行楷”，又因为 id 的优先级高于 class，因此文字的颜色是 green，第三个 p 元素的 class 优先级高于 p 元素，因此文字颜色显示 red，这就是 CSS 样式的继承性。运行效果如图 3-7 所示。

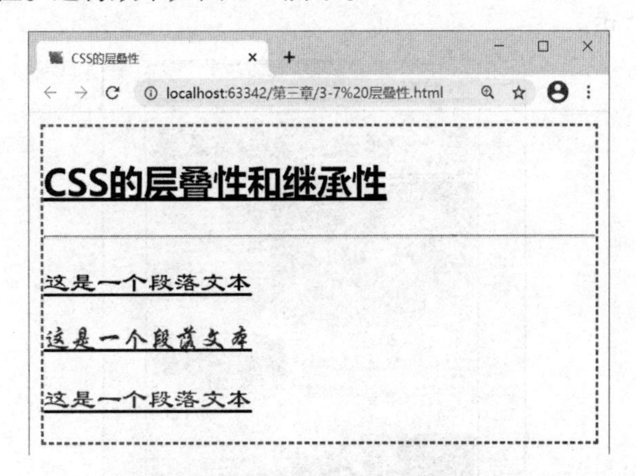

图 3-7　层叠性、继承性和优先级

项目案例

制作“走进陕西”网站首页

学习完基础知识，我们就应用所学，开始做“走进陕西”网站首页吧，其运行效果如图 3-8 所示。

图 3-8 “走进陕西”网站首页

一、结构分析

“走进陕西”网站首页可以分为头部 header、导航 nav、内容 content 和页脚 footer 四个模块，如图 3-9 所示。

图 3-9 “走进陕西”网站首页结构分析

二、样式分析

页面效果图的样式主要分为四部分，具体分析如下：

1.body 要添加背景。

2.头部 header。

（1）header 是一个 div，需要对其设置宽度，高度可以由内容确定，并且要水平居中；

（2）添加图片作为 logo，设置其左对齐属性；

（3）添加作者信息，设置其右对齐属性；

3.导航 nav。

导航 nav 设置合适的宽度，即与 header 宽度一致，文字通过<ul>实现，<li>要设置其宽度、高度和内外边距，添加背景色。

4.内容 content。

（1）content 是一个大 div，需要对其设置宽度，水平居中，高度可由内容确定；

（2）大 div 可以分为四个小 div，每个 div 由文字和图片两部分构成，设置图片的对齐方式和文字效果；

（3）内容和小 div 设置内外边距。

5.页脚 footer。

（1）页脚宽度设置宽度并水平居中；

（2）文字水平和垂直都要居中。

三、完整代码

```
<!DOCTYPE html>
<html>
<head lang="en">
    <meta charset="UTF-8">
    <title>走进陕西</title>
    <style>
        body{background-image: url("images/bj.jpg") ;}
        #big{
            width: 980px;
            margin: 0 auto;
        }
        #header{
            width: 980px;
            height: 90px;;
        }
        #nav_bg{
            width: 980px;
            height: 48px;
```

```
        background-color: #fed579;
    }
    .nav{
        width: 980px;
        margin: 0 auto;
    }
    .nav li{float: left;}
    li{list-style: none}
    a{
        display: inline-block;
        height: 48px;
        padding: 0 50px;
        line-height: 48px;
    }
    #fengsu1{
        width: 980px;
        height: 150px;
        background: url("images/wenhua.PNG" );
    }
    #fengsu2fengsu5{
        width: 980px;
        height: 1350px;
    }
    #fengsu2{
        width: 980px;
        height: 410px;
    }
    #fengsu3{
        width: 980px;
        height: 260px;
    }
    #fengsu4{
        width: 980px;
        height: 410px;
    }
    #fengsu5{
        width: 980px;
```

```
            height: 260px;
        }
        #footer{
            width: 980px;
            height: 68px;
            line-height: 26px;
            background: #fed579;
            color:#000000;
            text-align: center;
            padding-top: 20px;
            padding-bottom: 20px;
            margin: 0 auto;
        }
    </style>
</head>
<body>
<div id="big">
    <div id="header">
        <img src="images/logo.PNG" align="left"/>
        <p align="right">高计 1704  |  齐康</p>
        <p align="right">学号：2017103373</p>
    </div>
    <hr color="#CCC"/>
    <div id="nav_bg">
        <ul class="nav">
            <li><a href="首页.html">首页</a> </li>
            <li><a href="经济陕西.html">经济陕西</a> </li>
            <li><a href="美食文化.html">美食文化</a> </li>
            <li><a href="风俗习惯.html">风俗习惯</a> </li>
            <li><a href="名胜古迹.html">名胜古迹</a> </li>
            <li><a href="客服.html">客服</a> </li>
        </ul>
    </div>
    <div id="fengsu1"></div>
    <hr size="2" color="#d1d1d1" width="980px"/>
    <div id="fengsu2fengsu5">
        <div id="fengsu2">
            <img src="images/ansaiyaogu.jpg" align="left" hspace="12" vspace="4">
```

```
            <div>
                <p align="center">
                    <strong>
                        <font face="仿宋" size="7" color="red">安塞腰鼓</font>
                    </strong>
                </p>
                <p>    安塞腰鼓是陕西省的传统民俗舞蹈。表演可由几人或上千人一同进行，磅礴气势，精湛的表现力令人陶醉，被称为天下第一鼓。1996 年，延安市安塞区被国家文化部命名为中国腰鼓之乡。</p>
                <p>    2006 年 5 月 20 日，安塞腰鼓经国务院批准列入第一批国家级非物质文化遗产名录。</p>
                <p>    腰鼓是陕北各地广泛流传的一种传统鼓舞形式，尤其是延安地区的安塞县、榆林地区的横山、米脂等地最为盛行，是陕西民间舞蹈中具有较大影响的舞种之一，安塞腰鼓起源于榆林横山，在明代后期，由于灾荒与农民起义，安塞已经人烟稀少，安塞人由榆林横山迁过来，也把横山的腰鼓带到了安塞。</p>
            </div>
        </div>
        <hr size="2" color="#d1d1d1" width="980px"/>
        <div id="fengsu3">
            <img src="images/jianzhi.jpg" align="right" hspace="12" vspace="4">
            <div>
                <p align="center">
                    <strong>
                        <font face="仿宋" size="7" color="red">剪纸</font>
                    </strong>
                </p>
                <p>    陕西剪纸是历史悠久的传统民间艺术形式之一。剪纸是一种镂空艺术，在视觉上给人以透空的感觉和艺术享受。其载体可以是纸张、金银箔、树皮、树叶、布、皮、革等片状材料。</p>
                <p>    陕西从南到北，特别是黄土高原，八百里秦川，到处都能见到红红绿绿的剪纸。那古拙的造型，粗犷的风格，有趣的寓意、多样的形式，精湛的技艺，在陕西，在全国的民间美术中占有很重要的位置。</p>
            </div>
        </div>
        <hr size="2" color="#d1d1d1" width="980px"/>
        <div id="fengsu4">
            <img src="images/nisu.jpg" align="left" hspace="12" vspace="4">
```

```
            <div>
                <p align="center">
                    <strong>
                        <font face="仿宋" size="7" color="red">凤翔泥塑</font>
                    </strong>
                </p>
                <p>    凤翔彩绘泥塑是陕西省宝鸡市凤翔县的一种传统民间艺术，当地人俗称泥货。凤翔县位于关中平原西部，境内出土的春秋战国及汉唐墓葬中均有泥塑的陪葬陶俑，可见其泥塑工艺历史之久。当地老乡购泥塑置于家中，用以祈子、护生、辟邪、镇宅、纳福。六营村的脱胎彩绘泥偶由此出名，并代代相传，成为中国民间美术中独具特色的精品，在国内外享有盛誉。国家非常重视非物质文化遗产的保护，2006 年 5 月 20 日，该遗产经国务院批准列入第一批国家级非物质文化遗产名录。2007 年 6 月 5 日，经国家文化部确定，陕西省凤翔县的胡深为该文化遗产项目代表性传承人，并被列入第一批国家级非物质文化遗产项目 226 名代表性传承人名单。</p>
            </div>
        </div>
        <hr size="2" color="#d1d1d1" width="980px"/>
        <div id="fengsu5">
            <img src="images/qinqiang.jpg"   align="right" hspace="12" vspace="4">
            <div>
                <p align="center">
                    <strong>
                        <font face="仿宋" size="7" color="red">陕西秦腔</font>
                    </strong>
                </p>
                <p>    秦腔又称乱弹，乱弹源于西秦腔，而梆子腔则来源于老秦腔（东路秦腔，同州梆子），是一种非常古老的传统戏曲剧种。主要流行于中国西北地区的陕西、甘肃、青海、宁夏、新疆等地，又因其以枣木梆子为击节乐器，所以又叫“梆子腔”，俗称“桄桄子”（因以梆击节时发出“恍恍”声）。</p>
                <p>    清康熙时，陕西泾阳人张鼎望写《秦腔论》，可知秦腔此时已发展为成熟期。待到乾隆年间，魏长生进京演出秦腔，轰动京师。对各地梆子声腔的形成有着直接影响。</p>
            </div>
        </div>
    </div>
    <hr size="2" color="#d1d1d1" width="980px"/>
</div>
<div id="footer">
```

```
    <p>Copyright@2018-2019    ZOUJINSHANXIcom,   ALL rights   reserved.<br/>
        2018-2019，版权所有  走进陕西 85CP 备 2017103373<br/></p>
</div>
</body>
</html
```

【习题】

一、选择题

1．<link>标记中，用来设置 URL 的属性是（　　）。

A．type　　B．href

C．rel　　D．href

2．下列选择器中，写法错误的是（　　）。

A．btn　　B．#btn

C．ul li　　D．123

3．并集选择器之间用（　　）符号隔开。

A．,　　B．#

C．空格　　D．*

4．下面属性中，设置 div 背景颜色最合适的一项是（　　）。

A．background　　B.background-color

C.bgcolor　　D. background-image

5．下列选项中，不属于 text-align 属性的是（　　）。

A．left　　B．center

C．middle　　D．right

二、填空题

1．内嵌 style 样式写在________标记里。

2．设置 p 标记的字体为微软雅黑、字号为 38px 的代码是____________。

3．为 span 标记添加下划线的代码是____________________。

4．设置<p>标记行间距为 28px、右对齐的代码是____________。

5．为下列代码中的类选择器设置样式：字体为宋体，颜色为 red，字号 42px。

```
<div>
<p id="DW">超越梦想，实现自我</p>
<p class="DW">超越梦想，实现自我</p>
</div>
```

代码为______________________________________。

三、操作题

请用 H5 实现图 3-10 所示的网站内容，在浏览器中测试，提交一个 HTML 文件。

图 3-10 操作题图

项目四

盒 子 模 型

学习目标

- ➢ 了解盒子模型的概念
- ➢ 掌握盒子模型的相关属性
- ➢ 掌握元素的类型与转换
- ➢ 掌握元素的浮动与定位
- ➢ 掌握清除浮动的方法
- ➢ 能够使用 div 盒子模型与浮动样式对页面布局

思政映射

- ➢ 通过制作“致敬逆行者”网站首页，培养学生深厚的爱国情感和中华民族自豪感
- ➢ 遵纪守法、崇德向善、诚实守信、尊重生命、热爱劳动，履行道德准则和行为规范，具有社会责任感和社会参与意识
- ➢ 培养学生分析问题、解决问题及创造思维能力
- ➢ 培养学生对程序设计的兴趣，充分发挥学生的自主学习能力
- ➢ 培养学生与人交流、与人合作及信息处理的能力

任务 1　认识盒子模型

盒子模型是网页布局的基础，只有掌握了盒子模型和盒子模型的相关元素，才能更好地控制网页中每个元素的效果。

生活中，常常见到各种各样盛装物体的盒子，例如糖果盒、手机盒、收纳盒。在 HTML 中，盛放网页内容的容器就是盒子模型，它把 HTML 页面的内容划分为若干个有序的模块，如图 4-1 所示。

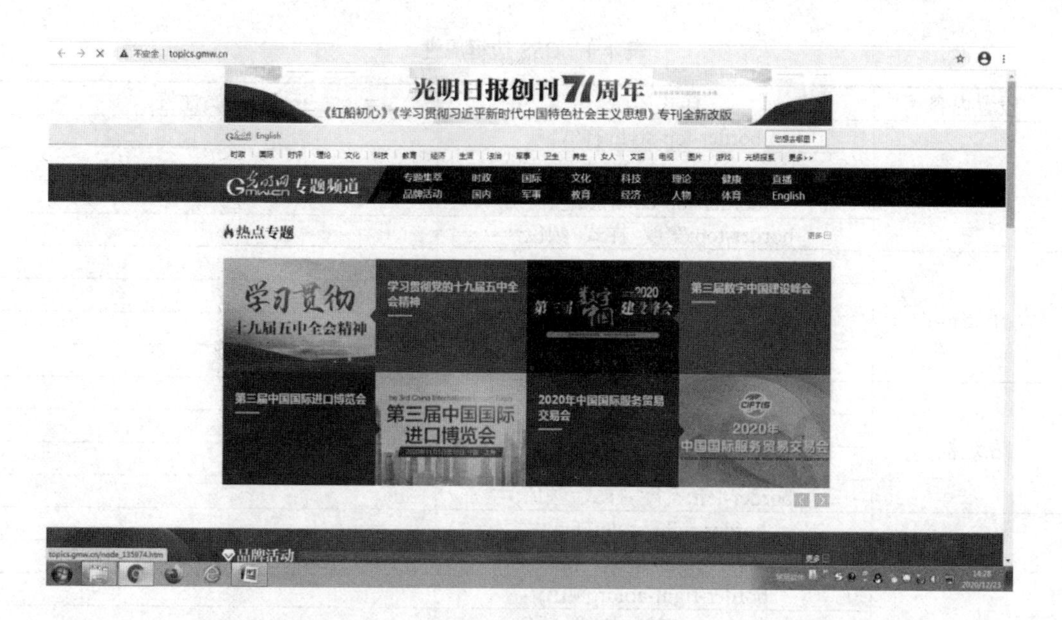
图 4-1　HTML 页面

任务 2　盒子模型的相关属性

在 CSS 中，用来描述 HTML 元素形成的矩形区域称为盒子模型。每一个盒子模型的属性都包括边框属性、内外边距属性、背景属性和宽高属性。如图 4-2 所示，盒子模型由内容 content、内边距 padding、边框 border 和外边距 margin 构成。通过设置这些属性可使元素的表现形式更加多样化。

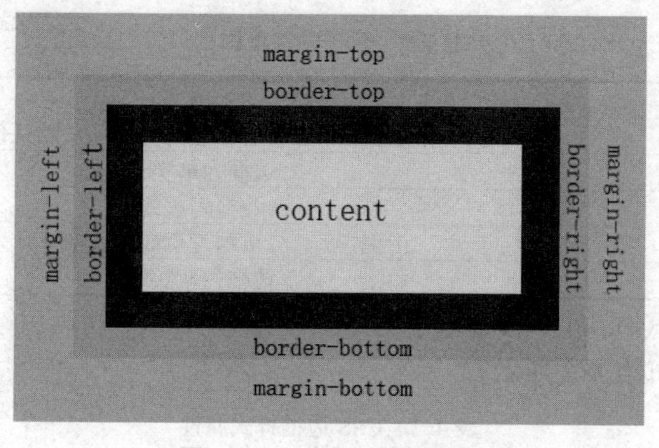

图 4-2　CSS 盒子模型结构

一、边框属性

在 CSS 中，边框属性包括边框的样式属性 border-style、边框的宽度属性 border-width、边框的颜色属性 border-color、单侧边框属性和边框的综合属性，如表 4-1 所示。

表 4-1　CSS 边框属性

设置内容	样式属性	常用属性值
上边框	border-top-style:样式;	
	border-top-width:宽度;	
	border-top-color:颜色;	
	border-top:宽度 样式 颜色;	
下边框	border-bottom-style:样式;	
	border- bottom-width:宽度;	
	border- bottom-color:颜色;	
	border-bottom:宽度 样式 颜色;	
左边框	border-left-style:样式;	
	border-left-width:宽度;	
	border-left-color:颜色;	
	border-left:宽度 样式 颜色;	
右边框	border-right-style:样式;	
	border-right-width:宽度;	
	border-right-color:颜色;	
	border-right:宽度 样式 颜色;	
样式综合设置	border-style:上边 [右边 下边 左边];	none 无（默认）、solid 单实线、dashed 虚线、dotted 点线、double 双实线
宽度综合设置	border-width:上边 [右边 下边 左边];	像素值
颜色综合设置	border-color:上边 [右边 下边 左边];	颜色值、#十六进制、rgb(r, g, b)、rgb(r%, g%, b%)
边框综合设置	border:四边宽度 四边样式 四边颜色;	

下面对表 4-1 中的属性具体讲解。

1．边框样式：border-style

盒子的边框样式用于定义页面中边框的风格，常用属性值如表 4-2 所示。

表 4-2　盒子的边框样式

样式属性	例
none	没有边框即忽略所有边框的宽度（默认值）
solid	边框为单实线
dashed	边框为虚线
dotted	边框为点线
double	边框为双实线

在设置边框样式时，可以设置盒子的任何一条边的样式，也可以综合设置盒子的四条边样式。具体设置如表 4-3 所示。

表 4-3　CSS 边框样式属性

设置内容	样式属性	例
上边框	border-top-style:样式;	border-top-style:solid;
下边框	border-bottom-style:样式;	border-bottom-style:dashed;
左边框	border-left-style:样式;	border-left-style:dotted;
右边框	border-right-style:样式;	border-right-style:double;
样式综合设置	border-style:上边 [右边 下边 左边];	border-style: solid [dashed dotted double];

下面通过例 4-1 讲解 CSS 边框样式的使用。

例 4-1 CSS 边框样式的使用

```
<!DOCTYPE html>
<html>
<head lang="en">
    <meta charset="UTF-8">
    <title>div 盒子模型：border-style</title>
    <style>
        div{
            width: 200px;
            height: 150px;
            margin: 5px;
            /*border-style: 四条边;*/
            border-style: solid;
        }
        #one{
            /*border-style: 上下边 左右边;*/
            border-style: solid dashed;
        }
        #two{
            /*border-style: 上边 左右边 下边;*/
            border-style: solid dashed double;
        }
        #three{
            /*border-style: 上边 右边 下边 左边;*/
            border-style: solid dashed dotted double;
        }
    </style>
</head>
<body>
    <div>为所有的 div 设置相同的宽度和高度，为了 div 不连接，特添加外边距。这
个 div 设置 border-style: solid。</div>
    <div id="one">这个 div 设置 order-style: solid dashed</div>
    <div id="two">这个 div 设置 border-style: solid dashed double</div>
    <div id="three">这个 div 设置 border-style: solid dashed dotted double</div>
</body>
```

</html>

例 4-1 中，为 div 设置了单实线的边框效果，为#one 设置了上下边框为单实线、左右边框为虚线效果，为#two 设置了上边框为单实线、左右边框为虚线、下边框为双实线的效果，为#three 设置了上边框为单实线、左边框为虚线、右边框为点线、下边框为双实线的效果。运行效果如图 4-3 所示。

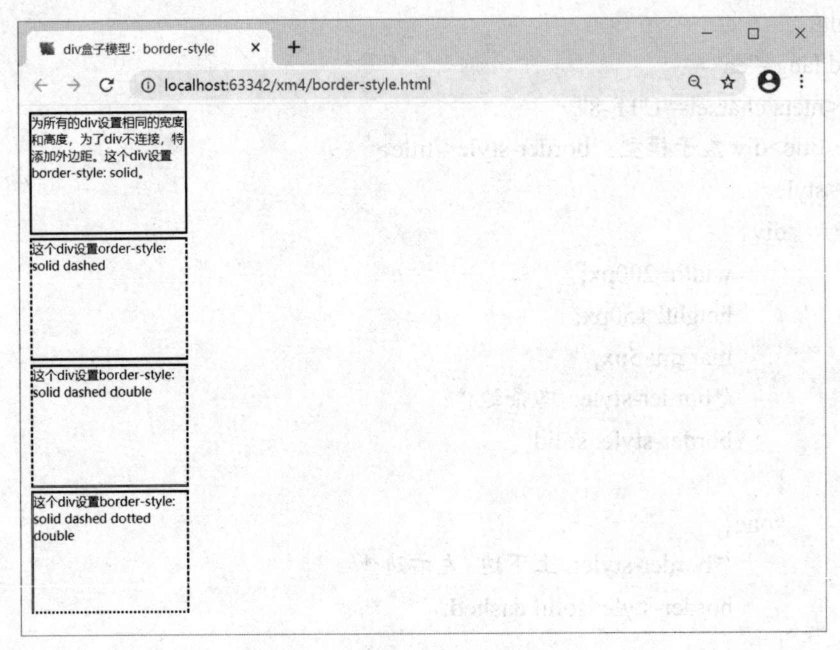

图 4-3　div 盒子模型：border-style

2．边框宽度：border-width

盒子的边框宽度用于定义页面中边框的宽度，其边框宽度取值为像素 px。

在设置边框宽度时，可以设置盒子的任何一条边的宽度，也可以综合设置盒子的四条边宽度。具体设置如表 4-4 所示。

表 4-4　CSS 边框宽度属性

设置内容	样式属性	例
上边框	border-top-width:宽度;	border-top-width:2px;
下边框	border- bottom-width:宽度;	border- bottom-width:3px;
左边框	border-left-width:宽度;	border-left-width:4px;
右边框	border-right-width:宽度;	border-right-width:5px;
宽度综合设置	border-width:上边 [右边 下边 左边];	border-width:2px [3px 4px 5px];

下面通过例 4-2 讲解 CSS 边框宽度的使用。

例 4-2　CSS 边框宽度的使用

```
<!DOCTYPE html>
```

```
<html>
<head lang="en">
    <meta charset="UTF-8">
    <title>div 盒子模型：border-width</title>
    <style>
        div{
            width: 200px;
            height: 150px;
            margin: 5px;
            /*border-style: 四条边;*/
            border-style: solid;
            border-width: 3px;
        }
        #one{
            /*border-style: 上下边 左右边;*/
            border-style: solid dashed;
            border-width: 5px 10px;
        }
        #two{
            /*border-style: 上边 左右边 下边;*/
            border-style: solid dashed double;
            border-width: 5px 10px 15px;
        }
        #three{
            /*border-style: 上边 右边 下边 左边;*/
            border-style: solid dashed dotted double;
            border-width: 5px 10px 15px 13px;
        }
    </style>
</head>
<body>
    <div>为所有的 div 设置相同的宽度和高度，为了 div 不连接，特添加外边距。这个 div 设置 border-style: solid,border-width: 3px。</div>
    <div id="one">这个 div 设置 order-style: solid dashed,border-width: 5px 10px。</div>
    <div id="two">这个 div 设置 border-style: solid dashed double，border-width: 5px 10px 15px。</div>
    <div id="three">这个 div 设置 border-style: solid dashed dotted double,border-width: 5px 10px 15px 13px。</div>
```

</body>
</html>

例 4-2 中，为 div 设置了相同的边框宽度效果，为#one 设置了上下边框为 5px、左右边框为 10px 宽度效果，为#two 设置了上边框为 5px、左右边框为 10px、下边框为 15px 的宽度效果，为#three 设置了上边框为 5px、左边框为 10px、右边框为 15px、下边框为 13px 的宽度效果。运行效果如图 4-4 所示。

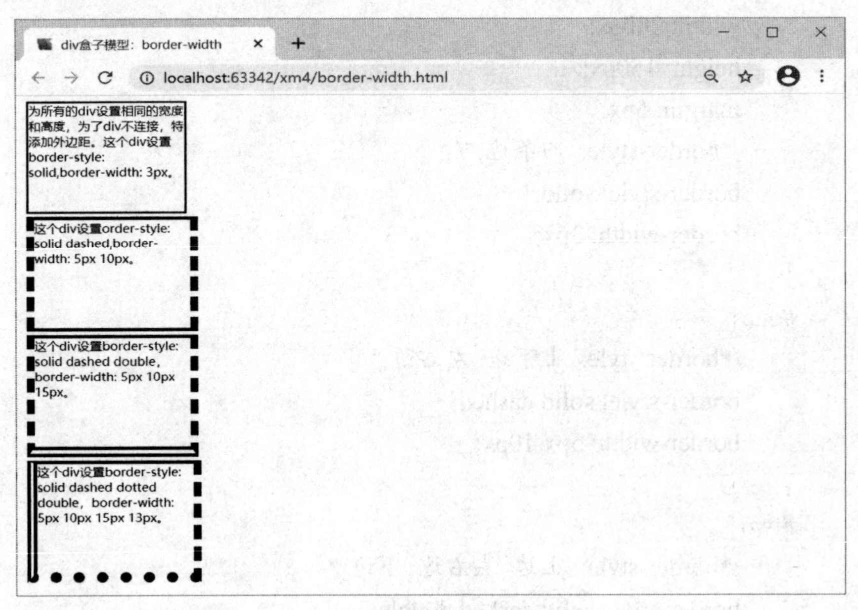

图 4-4　div 盒子模型 border-width

3．边框颜色：border-color

盒子的边框颜色用于定义页面中边框的颜色，其边框颜色取值为颜色值、#十六进制、rgb(r,g,b)、rgb(r%,g%,b%)。

在设置边框颜色时，可以设置盒子的任何一条边的颜色，也可以综合设置盒子的四条边颜色。具体设置如表 4-5 所示。

表 4-5　CSS 边框颜色属性

设置内容	样式属性	例
上边框	border-top-color:颜色;	border-top-color:red;
下边框	border- bottom-color:颜色;	border- bottom-color:green;
左边框	border-left-color:颜色;	border-left-color:blue;
右边框	border-right-color:颜色;	border-right-color:pink;
颜色综合设置	border-color:上边 [右边 下边 左边];	border-color:red [green blue pink];

注意

设置边框颜色时同样必须设置边框样式，如果未设置样式或设置为 none，则其他的边框属性无效。

下面通过例 4-3 讲解 CSS 边框颜色的使用。

例 4-3　CSS 边框宽度的使用

```
<!DOCTYPE html>
<html>
<head lang="en">
    <meta charset="UTF-8">
    <title>div 盒子模型：border-color</title>
    <style>
        div{
            width: 200px;
            height: 150px;
            margin: 5px;
            /*border-style: 四条边;*/
            border-style: solid;
            border-width: 3px;
            border-color: red;
        }
        #one{
            /*border-style: 上下边 左右边;*/
            border-style: solid dashed;
            border-width: 5px 10px;
            border-color: red blue;
        }
        #two{
            /*border-style: 上边 左右边 下边;*/
            border-style: solid dashed double;
            border-width: 5px 10px 15px;
            border-color: red yellowgreen blue;
        }
        #three{
            /*border-style: 上边 右边 下边 左边;*/
            border-style: solid dashed dotted double;
            border-width: 5px 10px 15px 13px;
            border-color: red yellowgreen blue orange;
        }
    </style>
```

```
</head>
<body>
    <div>为所有的 div 设置相同的宽度和高度，为了 div 不连接，特添加外边距。这个 div 设置 border-style: solid,border-width: 3px。</div>
    <div id="one">这个 div 设置 order-style: solid dashed,border-width: 5px 10px。</div>
    <div id="two">这个 div 设置 border-style: solid dashed double，border-width: 5px 10px 15px。</div>
    <div id="three">这个 div 设置 border-style: solid dashed dotted double,border-width: 5px 10px 15px 13px。</div>
</body>
</html>
```

例 4-3 中，为 div 设置了相同的边框颜色 red 效果，为#one 设置了上下边框为 red、左右边框为 blue 颜色效果，为#two 设置了上边框为 red、左右边框为 yellowgreen、下边框为 blue 的颜色效果，为#three 设置了上边框为 red、左边框为 yellowgreen、右边框为 blue、下边框为 orange 的颜色效果。运行效果如图 4-5 所示。

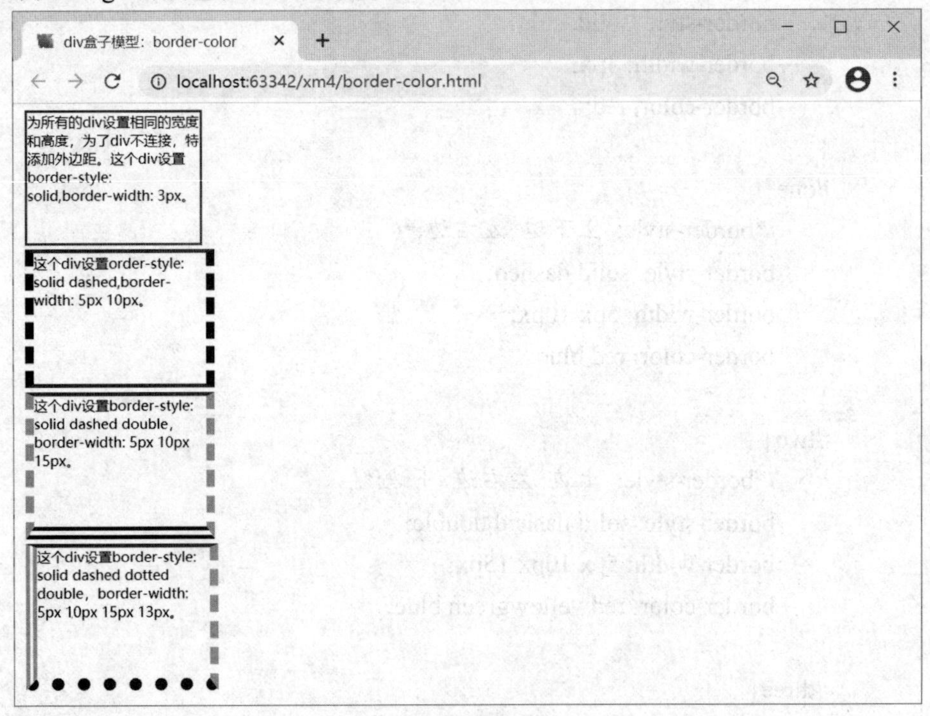

图 4-5　div 盒子模型：border-color

4．综合设置边框：border

分别设置边框的颜色、宽度和样式可以得到丰富的边框效果，但是书写烦琐，代码的可读性会降低，因此，CSS 提供了设置综合边框效果属性 border。其基本格式如表 4-6 所示。

表 4-6 CSS 边框综合设置属性

设置内容	样式属性	例
上边框	border-top:宽度 样式 颜色;	border-top: 6px dashed blue;
下边框	border-bottom:宽度 样式 颜色;	border-bottom: 3px solid red;
左边框	border-left:宽度 样式 颜色;	border-left: 4px dotted orchid;
右边框	border-right:宽度 样式 颜色;	border-right: 8px double green;
边框综合设置	border: 宽度 样式 颜色;	border: 4px dotted pink;

border 一个属性能够同时定义元素的宽度、样式和颜色，在 CSS 中称之为复合属性。后面我们还会学到 padding、margin、background 等复合属性。

下面通过例 4-4 讲解 CSS 边框样式的使用。

例 4-4 CSS 边框样式的使用

```
<!DOCTYPE html>
<html>
<head lang="en">
    <meta charset="UTF-8">
    <title>div 盒子模型：border</title>
    <style>
        div{
            width: 200px;
            height: 150px;
            margin: 5px;
            /*border: 宽度 样式 颜色;*/
            border:3px solid red;
        }
        #one{
            border:6px dashed blue;
        }
        #two{
            border: 4px dotted orchid;
        }
        #three{
            border: 8px double green;
        }
    </style>
</head>
<body>
    <div>为所有的 div 设置相同的宽度和高度，为了 div 不连接，特添加外边距。这个 div 设置 border-style: solid,border-width: 3px。</div>
    <div id="one">这个 div 设置 order-style: solid dashed,border-width: 5px 10px。</div>
```

<div id="two">这个 div 设置 border-style: solid dashed double，border-width: 5px 10px 15px。</div>

<div id="three">这个 div 设置 border-style: solid dashed dotted double，border-width: 5px 10px 15px 13px。</div>

</body>

</html>

例 4-4 中，为 div 设置了相同的边框效果，为#one 设置了“6px dashed blue”效果，为#two 设置了“4px dotted orchid”效果，为#three 设置了“8px double green”效果。运行效果如图 4-6 所示。

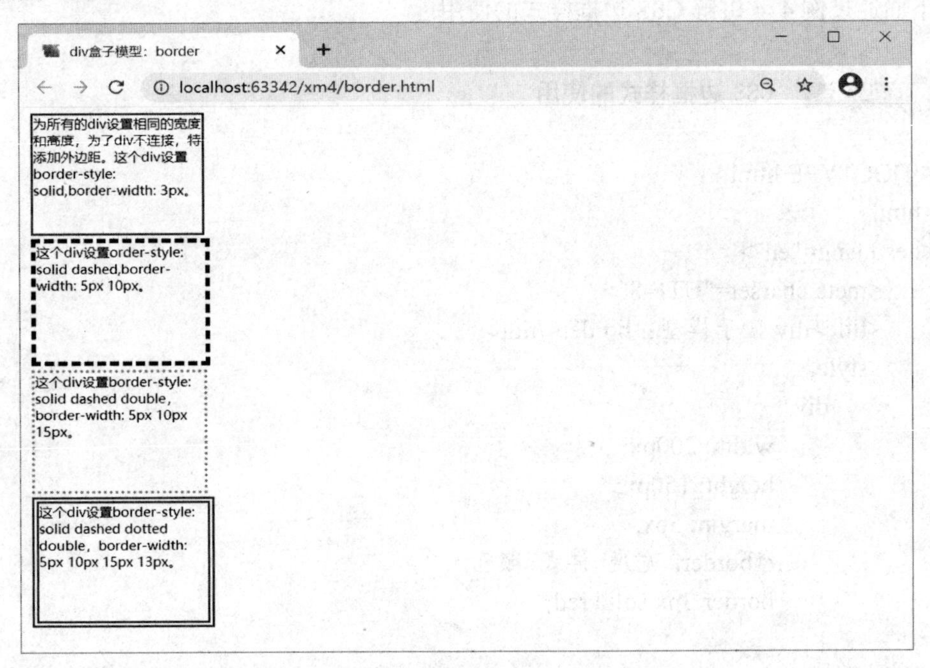

图 4-6　div 盒子模型：border

二、内边距属性

在网页设计和制作中，如果要调整内容区域与盒子之间的距离，就需要设置元素的内边距。内边距是元素与边框之间的距离，也称为内填充。CSS 提供了 padding 属性，可以设置盒子的内边距，是一个复合属性，其设置方法如表 4-7 所示。

表 4-7　内边距属性

设置内容	样式属性	例
上内边距	padding-top	padding-top: 5px;
下内边距	padding-bottom	padding -bottom: 6px;
左内边距	padding-left	padding -left: 5px;
右内边距	padding-right	padding -right: 8px;
内边距综合设置	padding:上边 [右边 下边 左边];	padding: 10px [5px 15px 8px];

下面通过例 4-5 和例 4-6 讲解内边距 padding 的使用。

例 4-5 分别设置内边距

```
<!DOCTYPE html>
<html>
<head lang="en">
    <meta charset="UTF-8">
    <title>分别设置内边距 padding</title>
    <style>
        p{
            width: 230px;
            height: 20px;
            line-height: 20px;
            background-color: pink;
            border:1px solid blue;
            font-size: 16px;
        }
        #top{padding-top:10px;}
        #right{padding-right:10px;}
        #bottom{padding-bottom:10px;}
        #left{padding-left:10px;}
    </style>
</head>
<body>
<h3>分别设置内边距 padding</h3>
<hr>
<p>没有设置内边距</p>
<p id="top">设置 padding-top：10px</p>
<p id="right">设置 padding-right：10px</p>
<p id="bottom">设置 padding-bottom：10px</p>
<p id="left">设置 padding-left：10px</p>
</body>
</html>
```

在例 4-5 中，为 p 元素设置了相同的边框和背景效果。第一个 p 元素没有设置内边距，为#top 设置了“padding-top：10px”效果，为#right 设置了“padding-right：10px”效果，为#bottom 设置了“padding-bottom：10px”效果，为#left 设置了“padding-left：10px”效果。运行效果如图 4-7 所示。

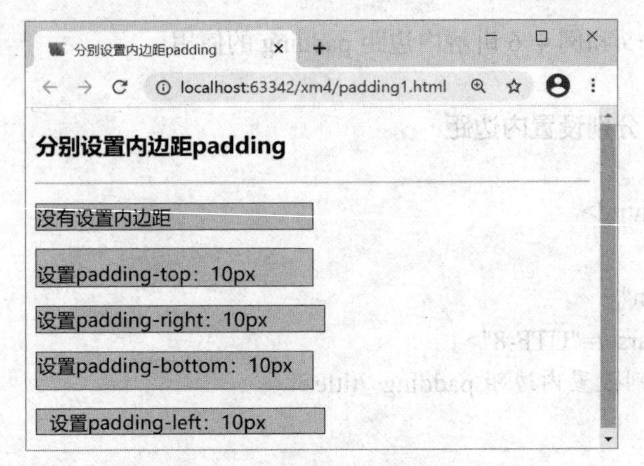

图 4-7　分别设置内边距 padding

例 4-6　综合设置内边距

```
<!DOCTYPE html>
<html>
<head lang="en">
    <meta charset="UTF-8">
    <title>综合设置内边距 padding</title>
    <style>
        p{
            width: 300px;
            height: 20px;
            line-height: 20px;
            background-color: pink;
            border:1px solid blue;
            font-size: 16px;
        }
        #padding1{padding:10px;}
        #padding2{padding:10px 15px;}
        #padding3{padding:10px 15px 20px;}
        #padding4{padding: 10px 15px 20px 25px;}
    </style>
</head>
<body>
<h3>综合设置内边距 padding</h3>
<hr>
```

```
    <p>没有设置内边距</p>
    <p id="padding1">设置 padding：10px；</p>
    <p id="padding2">设置 padding:10px 15px;</p>
    <p id="padding3">设置 padding:10px 15px 20px;</p>
    <p id="padding4">设置 padding: 10px 15px 20px 25px;</p>
</body>
</html>
```

在例 4-6 中，为 p 元素设置了相同的边框和背景效果。第一个 p 元素没有设置内边距，为#padding1 设置了“padding-top：10px”效果，为#padding2 设置了“padding:10px 15px;”效果，为#padding3 设置了“padding:10px 15px 20px;”效果，为#padding4 设置了“padding: 10px 15px 20px 25px;”效果。运行效果如图 4-8 所示。

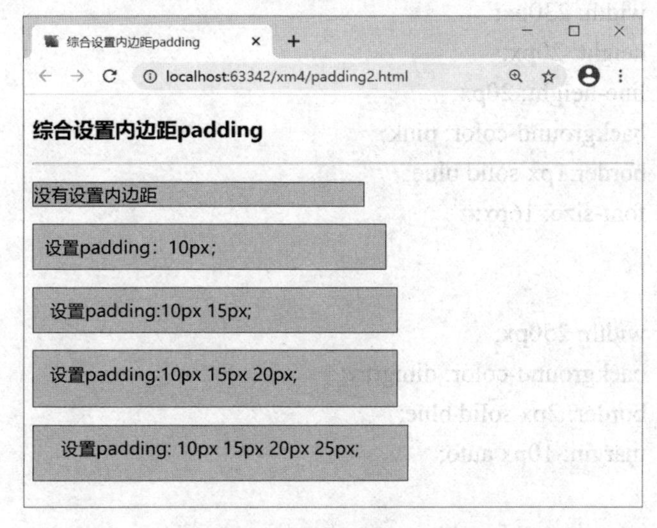

图 4-8 综合设置内边距

三、外边距属性

在网页设计和制作中，如果要调整盒子之间的距离，就需要设置元素的外边距。外边距就是元素边框与相邻元素之间的距离，也可以理解为元素内容周围的填充物。CSS 提供了 margin 属性，可以设置盒子的外边距，也是一个复合属性。其设置方法如表 4-8 所示。

表 4-8 内边距属性

设置内容	样式属性	例
上外边距	margin-top	margin -top: 5px;
下外边距	margin -bottom	margin -bottom: 6px;
左外边距	margin -left	margin -left: 5px;
右外边距	margin -right	margin -right: 8px;
外边距综合设置	margin:上边 [右边 下边 左边];	margin: 10px [5px 15px 8px];

下面通过例 4-7 讲解外边距 margin 的使用。

例 4-7 设置外边距 margin

```
<!DOCTYPE html>
<html>
<head lang="en">
    <meta charset="UTF-8">
    <title>设置外边距 margin</title>
    <style>
        *{padding:0;margin: 0;}
        p{
            width: 230px;
            height: 20px;
            line-height: 20px;
            background-color: pink;
            border:1px solid blue;
            font-size: 16px;
        }
        div{
            width: 250px;
            background-color: dimgray;
            border: 2px solid blue;
            margin: 10px auto;
        }
        #top{margin-top:5px;}
        #right{margin-right:10px;}
        #bottom{margin-bottom:10px;}
        #left{margin-left:10px;}
    </style>
</head>
<body>
<h3>设置外边距 margin</h3>
<hr>
<div>
    <p>没有设置外边距</p>
    <p id="top">设置 margin-top：10px</p>
    <p id="right">设置 margin-right：10px</p>
    <p id="bottom">设置 margin-bottom：10px</p>
    <p id="left">设置 margin-left：10px</p>
```

```
    </div>
</body>
</html>
```

例 4-7 中，为 p 元素设置了相同属性。第一个 p 元素没有设置外边距，div 设置了上下外边距为 10px、左右水平居中的效果，为#top 设置了“margin-top：10px”效果，为#right 设置了“margin-right：10px”效果，为#bottom 设置了“margin-bottom：10px”效果，为#left 设置了“margin-left：10px”效果。运行效果如图 4-9 所示。

图 4-9 设置外边距 margin

下面通过例 4-8 讲解内外边距的综合使用。

例 4-8 使用盒子模型

```
<!DOCTYPE html>
<html>
<head lang="en">
    <meta charset="UTF-8">
    <title>div 盒子模型</title>
    <style>
        #big{
            width:400px;
height: 550px;
        background-color: yellowgreen;
        border-top: 3px solid turquoise;
        margin:0 auto;
    }
    #one{
        width: 100px;
height: 100px;
        background-color: antiquewhite;
```

```
            float: left;
            margin: 10px;
            border-style: dashed;
            border-color: red;
            border-width: 8px;
        }
        #two{
            width: 200px;
height: 200px;
            background-color: aquamarine;
            float: left;
            margin: 20px;
            border-style: dashed solid;
            border-width: 3px 5px;
            border-color: blue yellow;
        }
        #three{
            width: 300px;
height: 50px;
            background-color: pink;
            float: left;
            margin: 30px;
padding: 10px;
            border-style: dashed solid double;
            border-width: 3px 5px 7px;
            border-color: black red blue;
        }
        #four{
            width: 300px;height: 80px;
            background-color: pink;
            float: left;
            margin: 30px;
padding-left:10px;
            border-style: dashed solid double dotted;
            border-width: 3px 5px 7px 9px;
            border-color: black red blue orange;
        }
</style>
```

```
</head>
<body>
    <div id="big">
        <div id="one">
            <p>设置盒子的边框线一致，外边距为 10px。</p>
        </div>
        <div id="two">
            <p>设置盒子的边框线上下一致、左右一致，内边距为 20px，外边距为 0px。
</p>
        </div>
        <div id="three">
            <p>设置盒子的边框线上下边框不同、左右边框一致，内边距为 20px，外边
距为 30px。</p>
        </div>
        <div id="four">
          <p>设置盒子的边框线均不同，左内边距为 10px，外边距为 30px。</p>
        </div>
    </div>
</body>
</html>
```

在例 4-8 中，为大 div 内部分别添加了四个盒子模型，并且为每一个盒子模型添加了一个 p 元素，设置了不同的边框样式和内外边距。运行如图 4-10 所示。

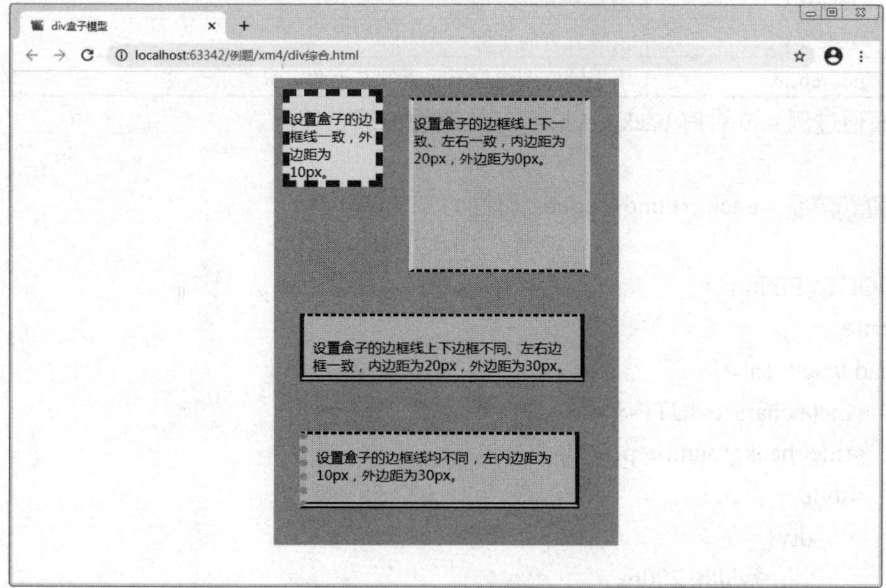

图 4-10　div 盒子模型

四、背景属性

1．设置背景颜色 background-color

在 CSS 中，background-color 属性可以为所有 HTML 的元素设置背景颜色。例如：

```
div{background-color: pink;}   /*为<div>添加了 pink 背景色*/
body{background-color: gray;}   /*为<body>添加了 gray 背景色*/
p{background-color: blue;}   /*为<p>添加了 blue 背景色*/
```

2．设置背景图像 background-image

在 CSS 中，background-image 属性可以为 HTML 的元素设置背景图片。例如：

```
div{background-image: url("images/pic01.png");}
/*为<div>添加了 pic01.png 背景图片*/
p{background-color: url("images/pic02.png");}
/*为<p>添加了 pic02.png 背景图片*/
```

3．设置背景图像平铺方式 background-repeat

在 CSS 中，background- repeat 属性可以为 HTML 的元素设置背景图片的平铺方式。如果不设置 background- repeat 属性，则背景图片会水平和垂直平铺。该属性有四个属性值，如表 4-9 所示。

表 4-9　background- repeat 属性

属性值	解　释
repeat	在水平和垂直方向上同时平铺，这是 repeat 的默认值
repeat-x	沿水平方向平铺
repeat-y	沿垂直方向平铺
no- repeat	不平铺，图像位于元素的左上角，只显示一次

下面通过例 4-9 讲解 background-repeat 属性的综合使用。

例 4-9　background-repeat 属性

```
<!DOCTYPE html>
<html>
<head lang="en">
    <meta charset="UTF-8">
    <title>background-repeat 属性</title>
    <style>
        div{
            width: 200px;
            height: 200px;
            background-image: url("images/bmx.png");
```

```
            background-repeat:no-repeat ;
        }
    </style>
</head>
<body>
    <div>background-position 属性的使用</div>
</body>
</html>
```

例4-9为div设置了宽度和高度，并且添加了背景图片，图4-11是未添加background-repeat属性的运行效果，图4-12是添加“background-repeat:no-repeat;”的运行效果。

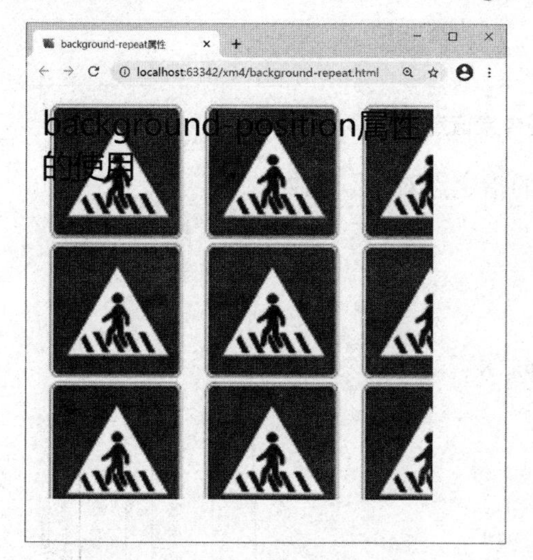

图4-11　未添加平铺属性

图4-12　添加平铺属性

4．设置背景图像的位置 background-position

在CSS中，background- repeat属性设置为不平铺方式时，图片位于元素的左上角。如果希望图片在其他位置出现，则可以应用CSS提供的background-position属性来实现。该属性的取值有三种：

（1）使用像素值：可以设置背景图片左上角在元素中的位置，例如：

```
div{
    width: 200px;
    height: 200px;
    background-image: url("images/bmx.png");
    background-repeat:no-repeat ;
    background-position: 30px 20px;
  }
```

运行效果如图4-13所示。

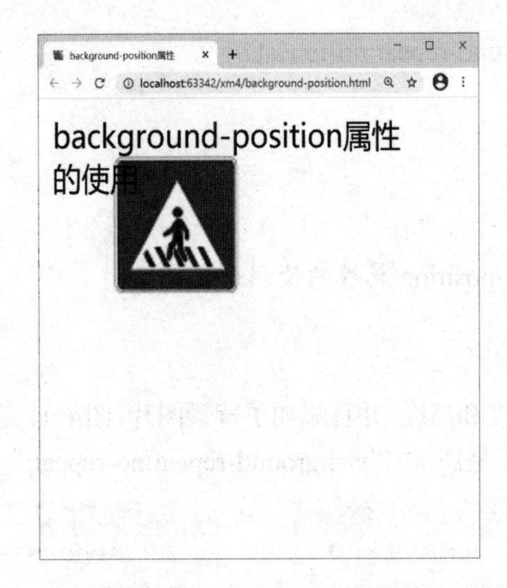

图 4-13　使用像素值定位

（2）使用百分比：背景图片与指定元素的指定点对齐，例如：

```
div{
    width: 200px;
    height: 200px;
    background-image: url("images/bmx.png");
    background-repeat:no-repeat ;
    background-position: 30% 50%;
  }
```

运行效果如图 4-14 所示。

图 4-14　使用百分比定位

（3）使用关键字：背景图片在指定元素中的对齐方式，水平方向值：left center right，垂直方向值：top center bottom。例如：

```
div{
    width: 200px;
    height: 200px;
    background-image: url("images/bmx.png");
    background-repeat:no-repeat ;
    background-position: right bottom;
  }
```

运行效果如图 4-15 所示。

图 4-15　使用关键字定位

5．设置背景图像固定 background-attachment：scroll、fixed

在网页中，经常会见到某些背景图片随着页面的滚动而滚动，某些背景图则不会随着页面的滚动而滚动。在 CSS 中，可以应用 background-attachment 属性实现。该属性的属性值如表 4-10 所示。

表 4-10　background-attachment 属性

属性值	解　释
scroll	背景图片随着页面元素的滚动而滚动（默认值）
fixed	背景图片位置固定

例如：

```
div{
    width: 200px;
    height: 200px;
    background-image: url("images/bmx.png");
    background-repeat:no-repeat ;
    background-position: right bottom;
```

```
background-attachment: fixed;
    }
```

运行效果如图 4-16 所示。

图 4-16　设置背景图像固定

6. 综合设置元素背景 background

在网页制作中，如果需要为同一个元素设置多个背景属性时，可以使用 background 综合设置，例如图 4-16 的背景效果可以用 background 设置为：

```
background: url("images/bmx.png") no-repeat right bottom fixed;
```

下面通过例 4-10 来讲解背景属性的使用。

例 4-10　背景属性的使用

```
<!DOCTYPE html>
<html>
<head lang="en">
    <meta charset="UTF-8">
    <title>背景属性的使用</title>
    <style>
        body{
/*分别设置<body>的背景属性*/
            /*background-color: blanchedalmond;*/
            /*background-image: url("images/erweima.png");*/
            /*background-repeat: no-repeat;*/
            /*background-position: 100% 95%;*/
            /*background-attachment: fixed;*/
            /*综合设置<body>背景*/
            background: blanchedalmond url("images/erweima.png") no-repeat 100%
```

```
95% fixed;
        }
        div{
            width: 80%;
            height: 120px;
            border:5px solid red;
            margin-bottom: 10px;
        }
        #one{
            background-color: #65ffcc;
            background-image: url("images/pic4.png");
        }
        #two{
            background-image: url("images/pic4.png");
            background-repeat: no-repeat;
        }
        #three{
            background-image: url("images/pic4.png");
            background-repeat: repeat-x;
        }
        #four{
            background-image: url("images/pic4.png");
            background-repeat: repeat-y;
        }
        #five{
            height: 300px;
            background-image: url("images/dog.png");
            background-repeat: no-repeat;
            background-position: 100% 100%;
        }
    </style>
</head>
<body>
    <div id="one">图像沿水平和竖直两个方向平铺（默认值）</div>
    <div id="two">图像不平铺（图像位于元素的左上角，只显示一次</div>
    <div id="three">图像只沿水平方向平铺</div>
    <div id="four">图像只沿竖直方向平铺</div>
```

```
    <div id="five">图像在右下角显示</div>
</body>
</html>
```

例 4-10 中，为每一个<div>元素设置了不同的背景属性，<body>元素使用 background 综合设置了属性。运行效果如图 4-17 所示。

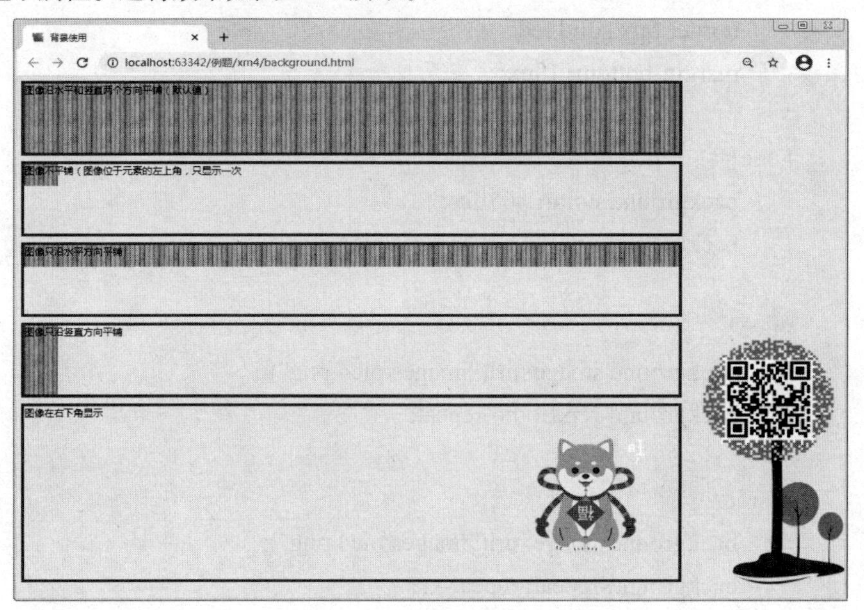

图 4-17　背景属性的使用

五、盒子的宽与高

网页是由盒子有序排列而成的，在 CSS 中，盒子的宽度和高度决定了盒子的大小。每一个盒子的总宽度和总高度都由外边距、边框、内边距、宽度或高度构成，因此盒子的宽度和高度的计算方法是：

盒子的总宽度=width+左右内边距之和+左右边框宽度之和+左右外边距之和

盒子的总高度=height+上下内边距之和+上下边框宽度之和+上下外边距之和

盒子的高度和宽度分别如图 4-18 和图 4-19 所示。

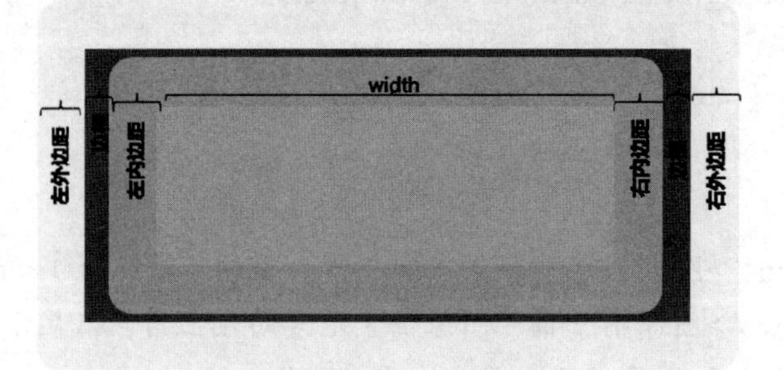

图 4-18　盒子的宽度

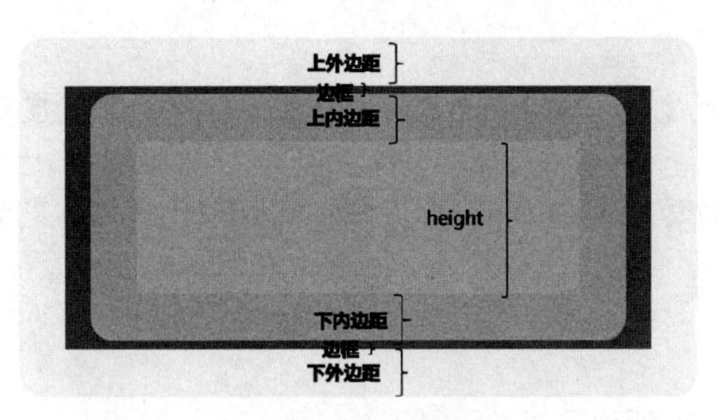

图 4-19　盒子的高度

例 4-11　盒子的宽度与高度

```
<!DOCTYPE html>
<html>
<head lang="en">
    <meta charset="UTF-8">
    <title>盒子的宽度与高度</title>
    <style>
        p{
            width: 300px;
            height: 60px;
            background-color: gray;
            border: 5px solid red;
            padding: 20px;
            margin: 15px;
        }
        div{
            width: 300px;
            height: 60px;
            background-color: gray;
            border: 5px solid red;
            padding: 20px 30px;
            margin: 10px 15px 20px;
        }
    </style>
</head>
<body>
    <h2>盒子的宽度与高度计算</h2>
```

<hr>

<p>盒子的总宽度= width+左右内边距之和+左右边框宽度之和+左右外边距之和</p>

<div>盒子的总高度= height+上下内边距之和+上下边框宽度之和+上下外边距之和</div>

</body>

</html>

运行效果如图 4-20 所示。

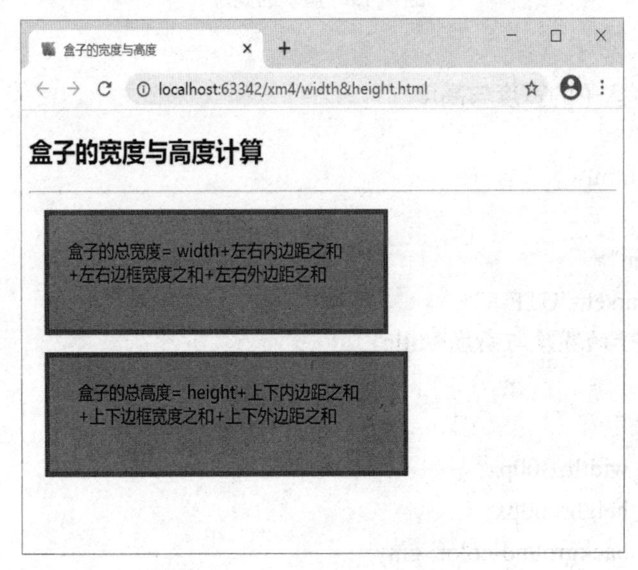

图 4-20　盒子的宽度与高度

p 的总宽度= 300px + 20px + 20px + 5px + 5px + 15px + 15px = 380px
p 的总高度= 60px + 20px + 20px + 5px + 5px + 15px + 15px = 140px
div 的总宽度= 300px + 30px + 30px + 5px + 5px + 15px + 15px = 400px
div 的总高度= 60px + 20px + 20px + 5px + 5px + 10px + 20px = 140px

任务 3　元素的类型与转换

一、元素的类型

在 HTML 中，元素可以分为块元素和行内元素两种，通过 CSS 样式的设置可以实现两种元素的转换。

1. 块元素

块元素在页面中以区域块的形式出现，特点如下：

（1）每个块元素通常都会独自占据一整行或多整行。

（2）可以对其设置宽度、高度、对齐等属性。
（3）一般可以嵌套块元素或行内元素。
常见的块元素有<div>、<p>、<hn>、<ul>、<li>等，<div>是典型的块元素。

2．行内元素

行内元素也称为内联元素、内嵌元素，一般是基于语义级的基本元素，特点如下：
（1）不独占一行，与其他行内元素在同一行显示。
（2）仅仅靠自身的字体大小和图像尺寸来支撑结构。
（3）一般不可以设置宽度、高度、对齐等属性。
（4）margin 或 padding 可以设置左右边距，对上下边距无效。
常见的行内元素有<span>、<a>、<b>、<em>等，<span>是典型的块元素。
下面通过例 4-12 来认识块元素和行内元素。

例 4-12 元素类型

```
<!DOCTYPE html>
<html>
<head lang="en">
    <meta charset="UTF-8">
    <title>元素类型</title>
    <style>
        p,span,em{
            width: 200px;
            height: 80px;
            border: 2px solid red;
            background-color: yellowgreen;
        }
    </style>
</head>
<body>
    <h2>元素类型</h2>
    <hr>
    <p>p 标记是一个块元素</p>
    <span>span 是一个典型的行内元素</span>
    <em>em 是一个行内元素</em>
</body>
</html>
```

例 4-12 中，为<p><span><em>分别设置了宽度和高度，但是只有<p>标记有效，对

<span><em>无效。运行效果如图 4-21 所示。

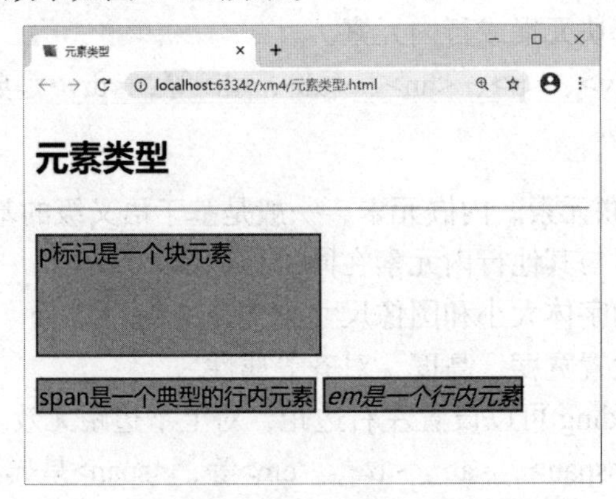

图 4-21　元素类型

二、<span>标记

<span>标记是一个典型的行内标记，<span>与</span>之间只能包含文本和各种行内标记，<span>标记常用于定义网页中某些特殊显示的文本，配合 class 属性使用，当其他行内标记都不合适时，就可以使用<span>标记。

例 4-13　span 标记的使用

```
<!DOCTYPE html>
<html>
<head lang="en">
    <meta charset="UTF-8">
    <title>span 标记的使用</title>
    <style>
        span{
            width: 100px;
            height: 80px;
            background-color: yellowgreen;
            border:2px solid red;
            margin: 40px;
        }
    </style>
</head>
<body>
    <h2>span 标记的使用</h2>
    <hr>
```

```
    <div>
        <span>ASP.net</span>
        <span>HTML</span>
        <span>Android</span>
        <span>数据库</span>
    </div>
</body>
</html>
```

例 4-13 中，没有设置 div 的属性，为四个<span>设置了宽度、高度和外边距，只有左右外边距有效，其他属性都无效。运行效果如图 4-22 所示。

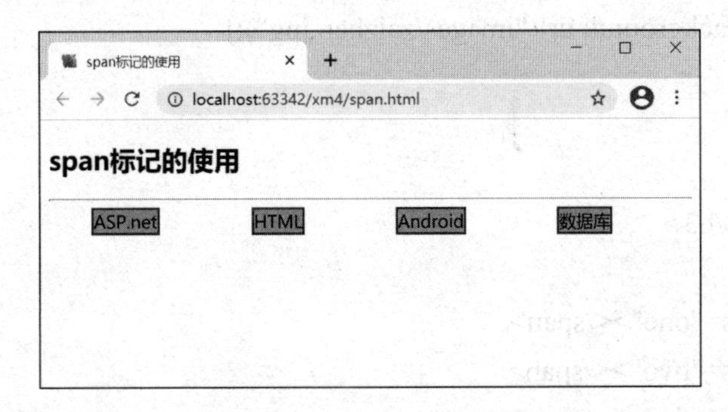

图 4-22　<span>标记使用

三、元素类型转换 display

在 HTML 中，元素可分为行内元素和块元素，在实际使用中，可通过 display 属性，完成元素的转换，display 的属性值如表 4-11 所示。

表 4-11　display 的属性值

属性值	解　释
inline	元素显示为行内元素（行内元素默认的 display 属性值）
block	元素显示为块元素（块元素默认的 display 属性值）
inline-block	元素显示为行内块元素，可以对其设置宽高和对齐等属性，但是该元素不会独占一行
none	元素被隐藏，不显示，也不占用页面空间

下面通过例 4-14 来学习 display 的用法。

例 4-14　display 的使用

```
<!DOCTYPE html>
<html>
<head lang="en">
```

```
        <meta charset="UTF-8">
        <title> display 的使用</title>
        <style>
            /*div{width: 300px;height: 160px;display: inline-block;}*/
            span,div{width: 200px;height: 355px; display: inline-block;}
            .one{background: url("images/chuzheng.jpg");}
            .two{background: url("images/zhanyi.jpg");}
            .three{background: url("images/yonggan.jpg");}
            .four{background: url("images/guli.jpg");}
            .five{background: url("images/wangwo.jpg");}
            .six{background: url("images/zaizhan.jpg");}
        </style>
    </head>
    <body>
        <h3>span</h3>
        <hr>
        <span class="one"></span>
        <span class="two"></span>
        <span class="three"></span>
        <span class="four"></span>
        <span class="five"></span>
        <span class="six"></span>
        <h3>div</h3>
        <hr>
        <div class="one"></div>
        <div class="two"></div>
        <div class="three"></div>
        <div class="four"></div>
        <div class="five"></div>
        <div class="six"></div>
    </body>
    </html>
```

在例 4-14 中，<span>和<div>的宽度、高度和 display 属性可以分别设置，这里因为属性设置完全一致，所以可以用并列选择器。六个不同的类添加了不同的图片背景。由于<span>是一个行内元素，所以要使<span>实现在同一行里显示的效果，就必须将其转换为行内块元素，而<div>是一个块元素，每一个元素独自占用整行，因此只要将其转换为行内块元素就可以。运行效果如图 4-23 所示。

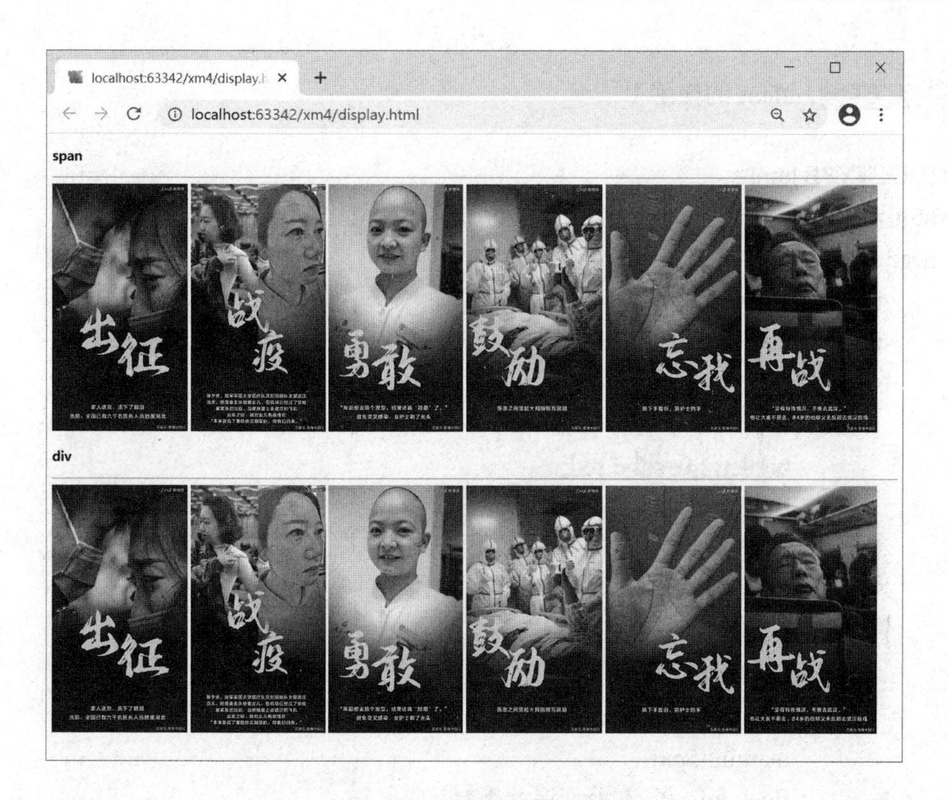

图 4-23　display 属性使用

任务 4　元素的浮动

在网页中，元素的默认方向是从上往下、从左往右的顺序。通常，行内元素会从不美观，页面效果差。如何让网页结构看起来更加美观、多样化呢？在 HTML 中，CSS 提供了 float 属性，可以实现页面结构的多样化处理。

一、元素的浮动属性

在 CSS 中，float 属性可以定义元素的浮动，浮动就是元素脱离标准文档流的控制，移动到指定位置的过程。float 的基本语法格式：

```
选择器{float:属性值;}
```

float 的属性值如表 4-12 所示。

表 4-12　float 的属性值

属性值	描　述
left	元素向左浮动
right	元素向右浮动
none	元素不浮动（默认值）

下面通过例 4-15 讲解 float 及其属性值的使用方法。

例 4-15 float 的使用 1

```
<!DOCTYPE html>
<html>
<head lang="en">
    <meta charset="UTF-8">
    <title>float 的使用 1</title>
    <style>
        #dv{
            border:2px solid red;
            background-color: yellowgreen;
        }
        #dv1,#dv2,#dv3{
            width: 40px;
            height: 60px;
            background-color: pink;
            margin: 5px;
            float: left; /* 添加左浮效果*/
        }
    </style>
</head>
<body>
    <div id="dv">
        <div id="dv1"></div>
        <div id="dv2"></div>
        <div id="dv3"></div>
        <p>浮动布局虽然灵活，但是却无法对元素的位置进行精确的控制。在 CSS 中，通过定位属性可以实现网页中元素的精确定位。在 CSS 中，通过 CSS 定位（CSS position）可以实现网页元素的精确定位。元素的定位属性主要包括定位模式和边偏移两部分。</p>
    </div>
</body>
</html>
```

例 4-15 中，为元素#dv1,#dv2,#dv3 添加浮动效果前如图 4-24 所示，三个元素从上往下依次排列；为#dv1,#dv2,#dv3 添加了“float: left;”设置后，三个元素实现了左浮效果，运行效果如图 4-25 所示。

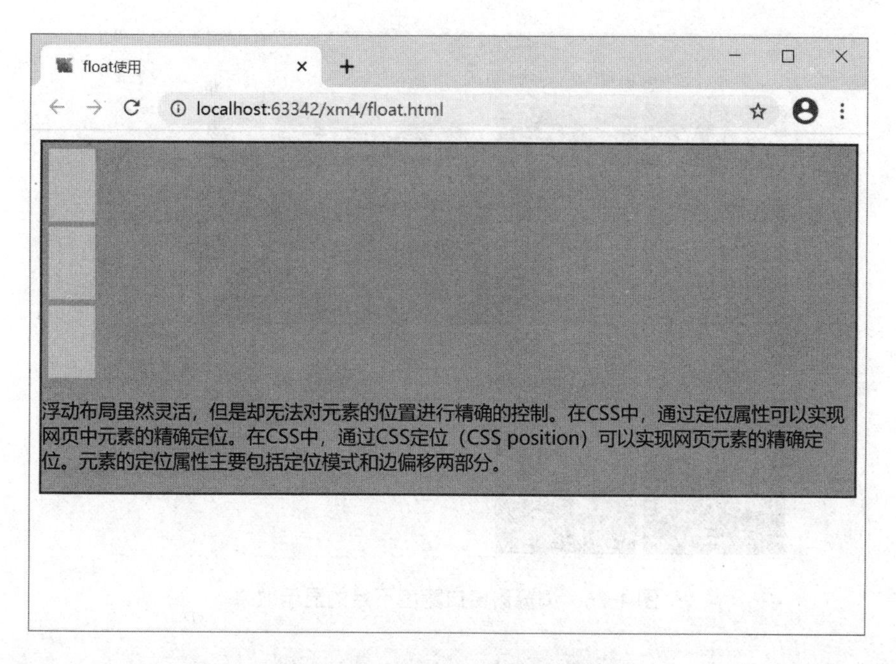

图 4-24　添加 float：left 前的效果

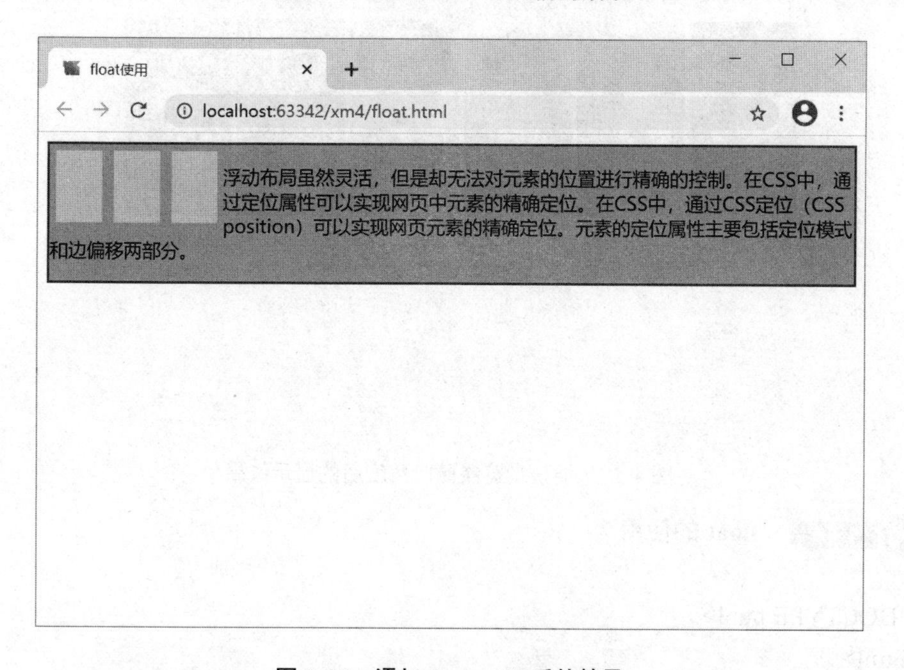

图 4-25　添加 float：left 后的效果

float 属性可以用于任何元素，常用于文字环绕图像的效果。元素在浮动时会向指定的方向移动，直到碰到页面的边缘或者上一个浮动框的边缘时停止。如例 4-16 中，为每个<div>添加了“float:left;”属性后，由于浏览器窗口宽度不足，图像自动在下一行显示，如图 4-26 所示。调整浏览器窗口宽度后，所有元素在同一行的显示效果如图 4-27 所示。

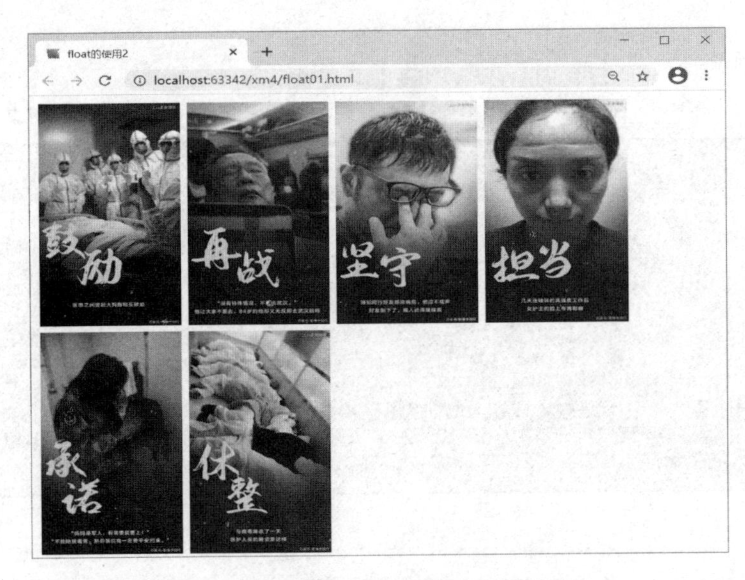

图 4-26　浏览器窗口宽度不足的显示效果

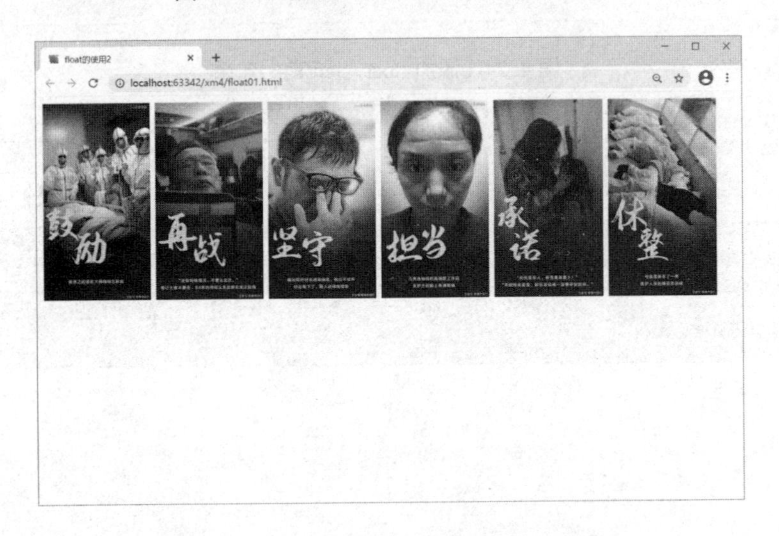

图 4-27　调整浏览器窗口宽度后的显示效果

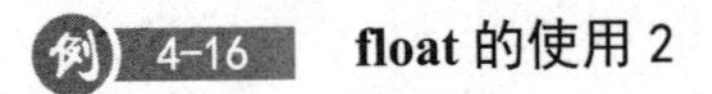

float 的使用 2

```
<!DOCTYPE html>
<html>
<head lang="en">
    <meta charset="UTF-8">
    <title>float 的使用 2</title>
    <style>
        div{
```

```
            width: 200px;
            height: 355px;
            margin: 5px; /* 添加外边距*/
            float:left; /* 添加左浮效果*/
        }
        .one{background: url("images/guli.jpg");}
        .two{background: url("images/zaizhan.jpg");}
        .three{background: url("images/jianshou.jpg");}
        .four{background: url("images/dandang.jpg");}
        .five{background: url("images/chengnuo.jpg");}
        .six{background: url("images/xiuzheng.jpg");}
    </style>
</head>
<body>
    <div class="one"></div>
    <div class="two"></div>
    <div class="three"></div>
    <div class="four"></div>
    <div class="five"></div>
    <div class="six"></div>
</body>
</html>
```

二、清除浮动

在实际使用中，元素一旦设置了 float 属性，就不再占用文档流的位置，与该元素相邻的元素就会受到浮动影响，从而发生位置改变。为了避免受到影响，需要对 float 进行清除。CSS 提供了 clear 属性清除浮动，其属性值如表 4-13 所示，基本语法格式：

```
选择器{clear:属性值;}
```

表 4-13 clear 属性值

属性值	描 述
left	不允许左侧有浮动元素（清除左侧浮动的影响）
right	不允许右侧有浮动元素（清除右侧浮动的影响）
both	同时清除左右两侧浮动的影响

例 4-16 中的<p>段落，因为受到#dv3 的影响而发生了位置变化，要不受其影响，就需要清除浮动。添加样式 p{clear: both;}之后，p 标记的浮动被清除。运行效果如图 4-28 所示。

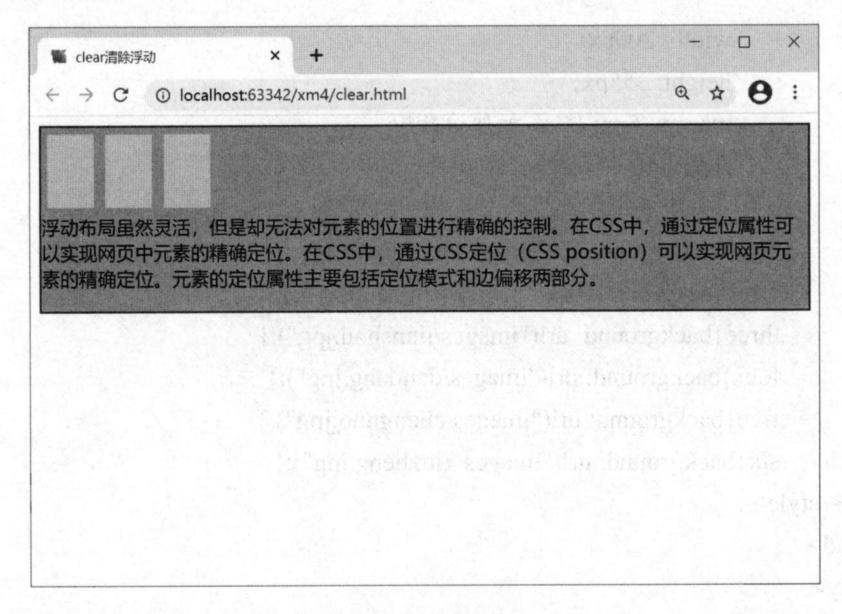

图 4-28　清除浮动

三、overflow

CSS 提供的 overflow 属性，既可以清除浮动，还可以对盒子溢出的内容设置显示方式。其属性值如表 4-14 所示，基本语法格式：

```
选择器{overflow:属性值;}
```

表 4-14　overflow 的属性值

属性值	描　述
visible	溢出内容在元素框之外显示（默认值）
hidden	溢出内容不显示
auto	在需要时产生滚动条
scroll	溢出内容不显示，浏览器会始终显示滚动条

1. overflow 清除浮动

例 4-17　overflow 清除浮动

```
<!DOCTYPE html>
<html>
<head lang="en">
    <meta charset="UTF-8">
    <title>overflow 清除浮动</title>
    <style>
        #dv{
```

```
            border:2px solid red;
            background-color: yellowgreen;
        }
        #dv1,#dv2,#dv3{
            width: 40px;
            height: 60px;
            background-color: pink;
            margin: 5px;
            float: left;
        }
    </style>
</head>
<body>
    <div id="dv">
        <div id="dv1"></div>
        <div id="dv2"></div>
        <div id="dv3"></div>
    </div>
</body>
</html>
```

例 4-17 中，#dv 因为受到#dv1、#dv2、#dv3 三个子元素 float 后的影响而只显示边框线，运行效果如图 4-29 所示。

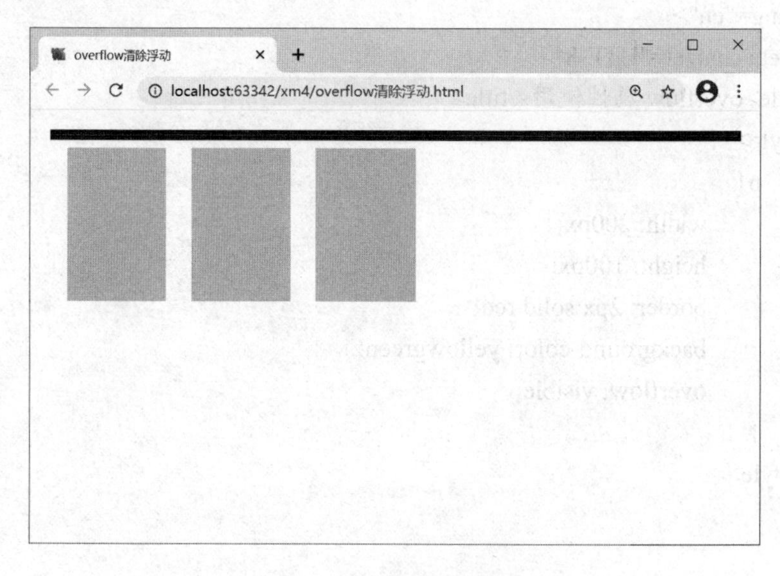

图 4-29 未清除浮动效果

给#dv 添加“overflow: hidden;”设置后的效果如图 4-30 所示。

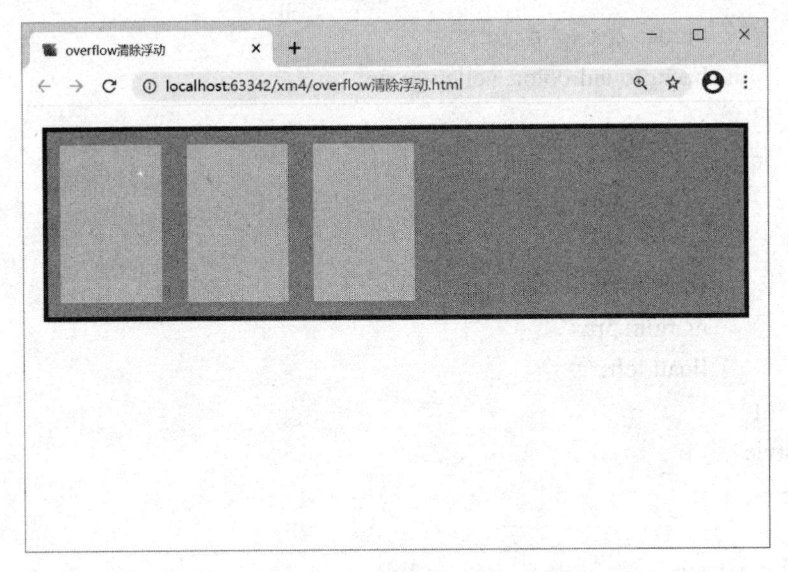

图 4-30　清除浮动效果

2．overflow 属性

下面通过例 4-18 来讲解 overflow 属性的使用方法。

例 4-18　overflow 属性使用

```
<!DOCTYPE html>
<html>
<head lang="en">
    <meta charset="UTF-8">
    <title>overflow 属性使用</title>
    <style>
        p{
            width: 200px;
            height: 100px;
            border: 2px solid red;
            background-color: yellowgreen;
            overflow: visible;
        }
    </style>
</head>
<body>
    <p>当对多个元素同时设置定位时，定位元素之间有可能会发生重叠，如右图所示。z-index 可以调整重叠定位元素的堆叠顺序，其取值可为正整数、负整数和 0。z-index
```

的默认值是 0。</p>

</body>

</html>

图 4-31 ~ 图 4-34 是分别为<p>元素设置了不同的 overflow 属性值的显示效果。

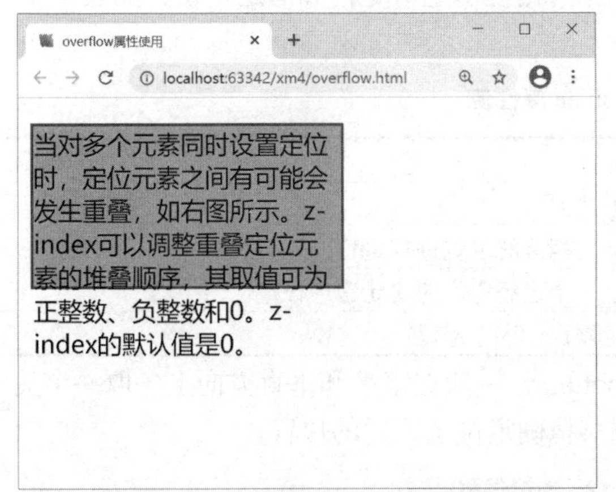

图 4- 31　overflow: visible;

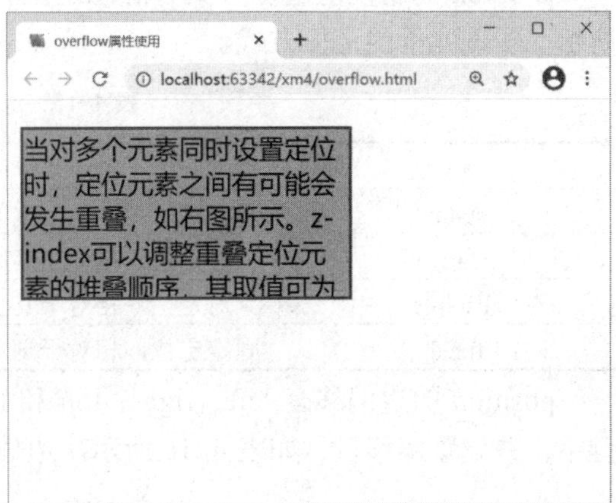

图 4-32　overflow: hidden;

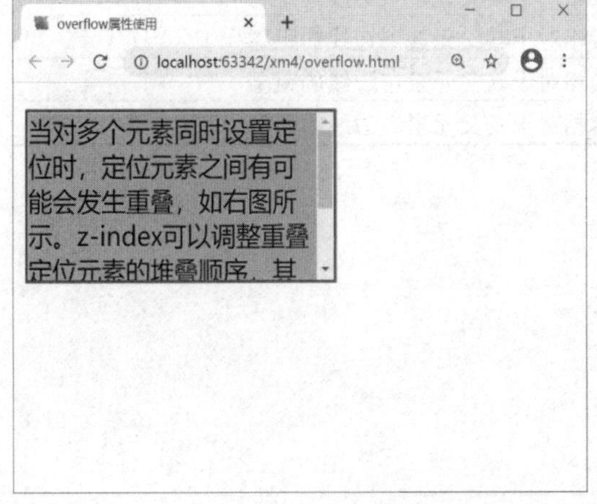

图 4-32　overflow:auto;

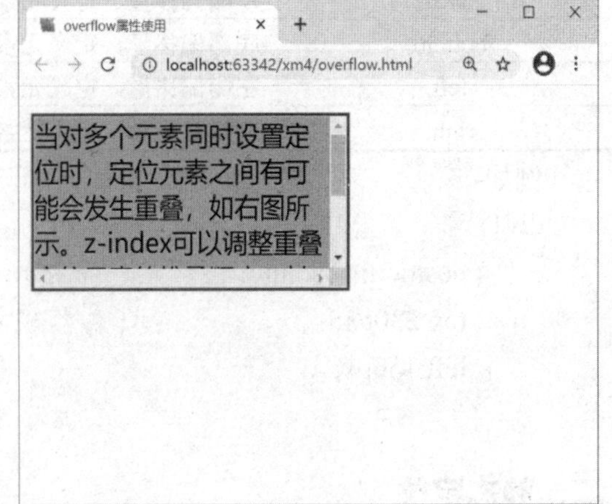

图 4-34　overflow: scroll;

任务 5　元素的定位

CSS 定位就是将 HTML 元素放置在页面的指定位置。定位的思想就是把页面左上角的点定义为坐标原点，构建一个以像素为单位的坐标系。例如（20px，30px），就是把页面左上角向右移动 20 像素，向下移动 30 像素。

一、元素的定位属性

元素的定位属性有定位模式和边偏移构成。其语法格式是：

```
选择器{  position:属性值；}
```

position 的属性值定位方式有静态定位、相对定位、绝对定位和固定定位，如表 4-15 所示。明确元素的定位方式。

表 4-15　position 属性值

值	描　述
static	静态定位（默认定位方式）
relative	相对定位，相对于其原文档流的位置进行定位
absolute	绝对定位，相对于其上一个已经定位的父元素进行定位
fixed	固定定位，相对于浏览器窗口进行定位

position 的边偏移有 left、right、top 和 bottom，一般在水平和垂直方向上各取一个关键字，并设置偏移量，如表 4-16 所示。边偏移精确定位了元素的位置。

表 4-16　position 的边偏移

边偏移属性	描　述
top	顶端偏移量，定义元素相对于其父元素上边线的距离
bottom	底部偏移量，定义元素相对于其父元素下边线的距离
left	左侧偏移量，定义元素相对于其父元素左边线的距离
right	右侧偏移量，定义元素相对于其父元素右边线的距离

例如：

```
div{
    position: absolute;
    top:230px;
    left:150px;
  }
```

二、静态定位

静态定位是 position 的默认定位方式，当 position 取值 static 时的定位模式是静态定位。通常，任何元素的默认定位方式就是静态定位，因此当不定义 position 时，该元素的定位模式就是静态定位。在静态定位模式下，边偏移属性不适用。

三、相对定位

当元素的 position 属性值为 relative 时，该元素的定位模式就是相对定位。相对定位是相对于元素本身原来的位置定位的，也就是说，元素的位置是在原始位置的基础上移动的。

下面通过例 4-19 学习元素的相对定位的方法。

例 4-19 相对定位 relative

```
<!DOCTYPE html>
<html>
<head lang="en">
    <meta charset="UTF-8">
    <title>相对定位 relative</title>
    <style>
        .dv{
            width: 500px;
            height: 500px;
            background-color: gray;
            border: 2px solid red;
        }
        #dv1,#dv2,#dv3{
            width: 200px;
            height: 100px;
            background-color: pink;
            margin: 10px;
            border: 1px solid blue;
        }
        #dv1{
            position: relative;
            top:230px;
            left:210px;
        }
    </style>
</head>
<body>
    <h2>CSS 相对定位 relative</h2>
    <hr>
    <div class="dv">
        <div id="dv1">相对定位 1</div>
        <div id="dv2">相对定位 2</div>
        <div id="dv3">相对定位 3</div>
    </div>
</body>
```

```
</html>
```

在例 4-19 中，相对定位前，三个小<div>从上向下依次排列，如图 4-35 所示，添加相对定位后，#dv1 相对于原始位置向下移动 230px、向右移动 210px，原始位置依旧保留，如图 4-36 所示。

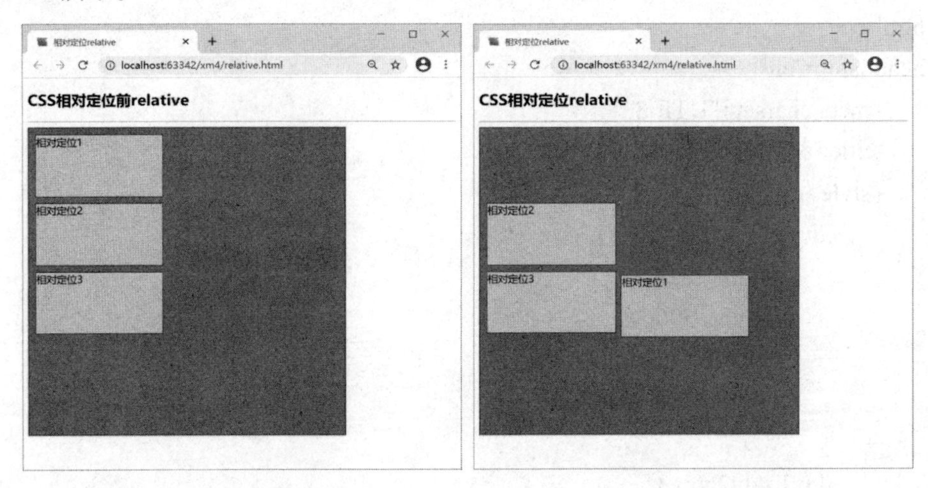

图 4-35　相对定位前　　　　图 4-36　相对定位后

四、绝对定位

当元素的 position 属性值为 absolute 时，该元素的定位模式就是绝对定位。绝对定位的位置是相对于已经定位的最近的祖先元素定位的，如果没有定位的祖先元素，则相对于<body>定位。

下面通过例 4-20 学习元素的相对定位的方法。

例 4-20　绝对定位 absolute

```
<!DOCTYPE html>
<html>
<head lang="en">
    <meta charset="UTF-8">
    <title>绝对定位 absolute</title>
    <style>
        .dv{
            width: 500px;
            height: 400px;
            margin:0 auto;
            background-color: gray;
            border: 2px solid red;
```

```
        }
        #dv1,#dv2,#dv3{
            width: 200px;
            height: 100px;
            background-color: pink;
            margin: 10px;
            border: 1px solid blue;
        }
        #dv1{
            position: absolute;
            top:214px;
            left:30px;
        }
    </style>
</head>
<body>
    <h2>CSS 绝对定位 absolute</h2>
    <hr>
    <div class="dv">
        <div id="dv1">绝对定位 1</div>
        <div id="dv2">绝对定位 2</div>
        <div id="dv3">绝对定位 3</div>
    </div>
</body>
</html>
```

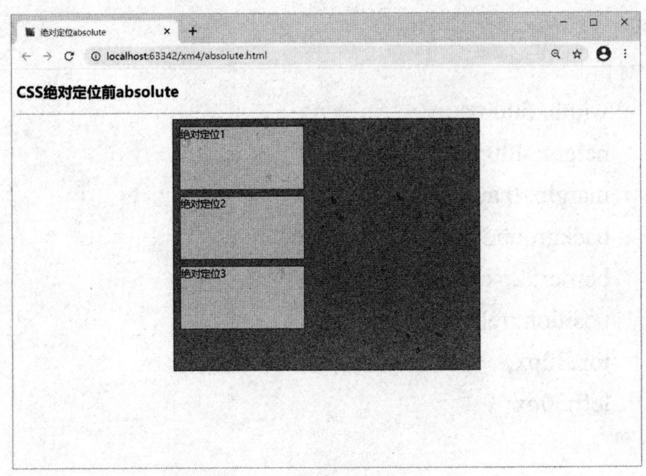

图 4-37 绝对定位前

在例 4-20 中，绝对定位前，三个小<div>从上向下依次排列，如图 4-37 所示，添加绝对定位后，由于父元素#dv 没有定位，所以#dv1 相对于<body>位置移动，原始位置不保留，如图 4-38 所示。

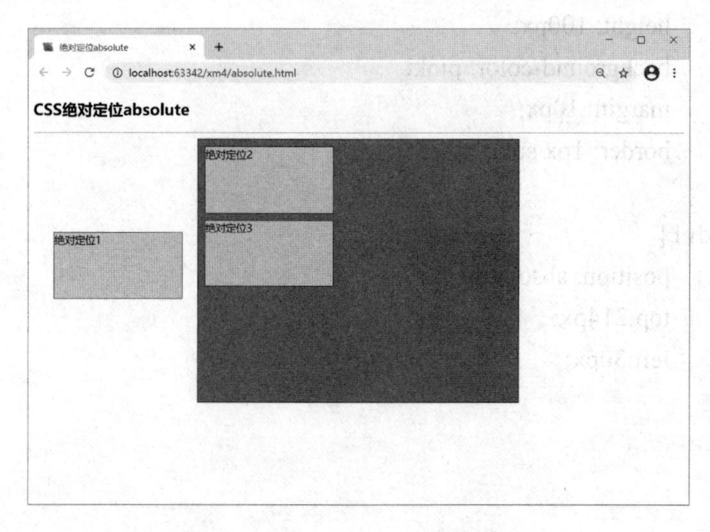

图 4-38　相对于<body>的绝对定位

例 4-21　绝对定位 absolute

```
<!DOCTYPE html>
<html>
<head lang="en">
    <meta charset="UTF-8">
    <title>绝对定位 absolute</title>
    <style>
        .dv{
            width: 500px;
            height: 400px;
            margin: 0 auto;
            background-color: gray;
            border: 2px solid red;
            position: relative;
            top:20px;
            left:50px;
        }
        #dv1,#dv2,#dv3{
            width: 200px;
```

```
                height: 100px;
                background-color: pink;
                margin: 10px;
                border: 1px solid blue;
            }
            #dv1{
                position: absolute;
                top:214px;
                left:30px;
            }
        </style>
    </head>
    <body>
        <h2>CSS 绝对定位 absolute</h2>
        <hr>
        <div class="dv">
            <div id="dv1">绝对定位 1</div>
            <div id="dv2">绝对定位 2</div>
            <div id="dv3">绝对定位 3</div>
        </div>
    </body>
    </html>
```

在例 4-21 中，由于父元素#dv 添加了相对定位，所以#dv1 添加绝对定位后，相对于#dv 位置移动，原始位置不保留，如图 4-39 所示。

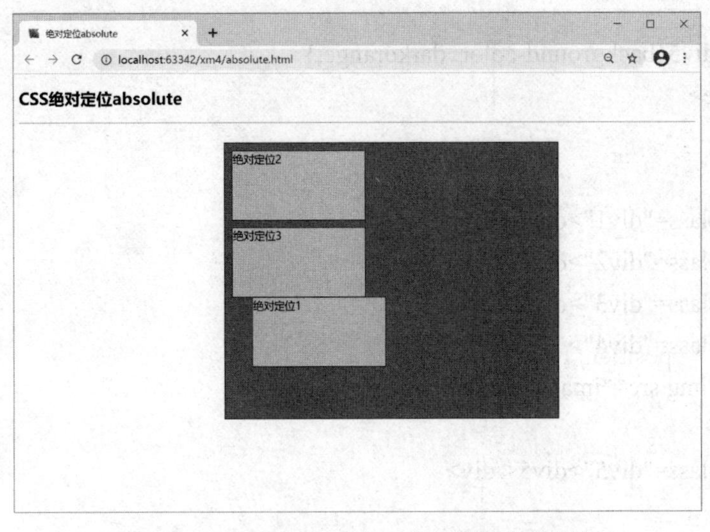

图 4-39　相对于已经定位的父元素的绝对定位

五、固定定位

当元素的 position 属性值为 fixed 时，该元素的定位模式就是固定定位。固定定位是绝对定位的一种特殊形式，设置了固定定位方式的元素相对于浏览器窗口定位。

下面通过例 4-22 学习元素的固定定位的方法。

例 4-22 度固定定位 fixed

```
<!DOCTYPE html>
<html>
<head lang="en">
    <meta charset="UTF-8">
    <title>固定定位 fixed</title>
    <style>
        div{
            width:200px;height:200px;
            margin-bottom: 2px;
        }
        .div1{background-color: pink;}
        .div2{background-color: yellow;}
        .div3{background-color: aquamarine;}
        .div4{
            position: fixed;
            right: 15%;bottom:20%;
        }
        .div5{background-color: darkorange;}
    </style>
</head>
<body>
    <div class="div1">div1</div>
    <div class="div2">div2</div>
    <div class="div3">div3</div>
    <div class="div4">
        <img src="images/erweima.png">
    </div>
    <div class="div5">div5</div>
</body>
</html>
```

在例 4-22 中，给#div4 添加 fixed 属性后，该图片相对于当前浏览器窗口来定位，移动垂直滚动条时，#div4 的位置不变，如图 4-40 和图 4-41 所示。

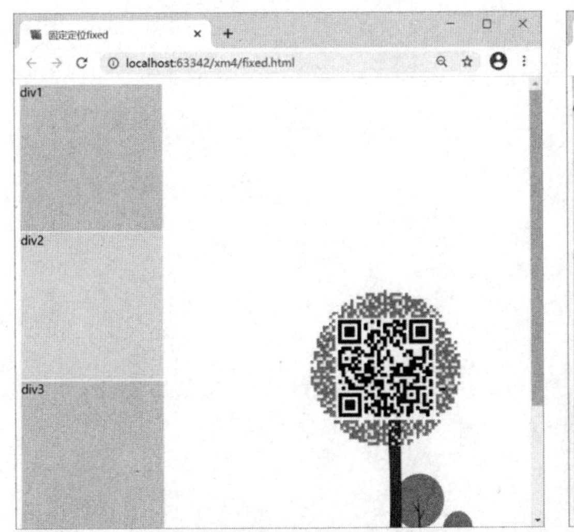

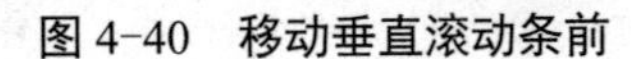
图 4-40　移动垂直滚动条前

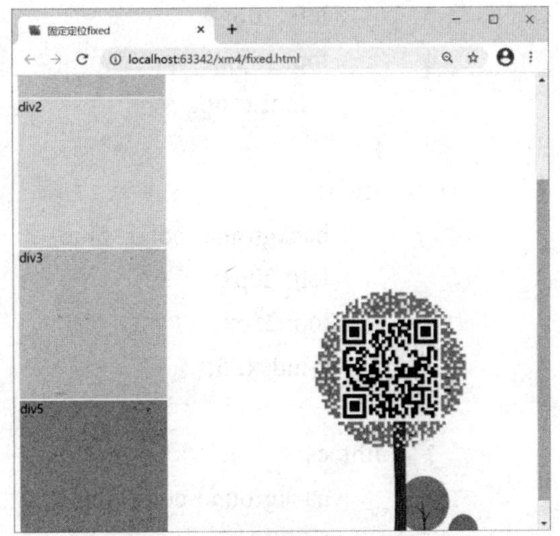

图 4-41　移动垂直滚动条后

六、层叠属性

元素除了可以定义相对定位和绝对定位，还可以定义多个元素的叠放效果。CSS 提供了 z-index 属性，该属性可以改变元素的层次顺序，属性值为整数，值越大就叠放在越靠上的位置。

下面通过例 4-23 学习层叠属性的方法和效果。

例 4-23　层叠效果 z-index

```
<!DOCTYPE html>
<html>
<head lang="en">
    <meta charset="UTF-8">
    <title>层叠效果 z-index</title>
    <style>
        div{
            width: 180px;
            height: 250px;
            border: 3px solid black;
            position: absolute;
```

```
        }
        #one{
            background-color: red;
            left: 10px;
            top: 15px;
            z-index: 66;
        }
        #two{
            background-color: blue;
            left: 20px;
            top: 25px;
            z-index: 5;
        }
        #three{
            background-color: yellow;
            left: 30px;
            top: 35px;
            z-index: 0;
        }
        #four{
            background-color: greenyellow;
            left: 40px;
            top: 45px;
            z-index: -1;
        }
    </style>
</head>
<body>
    <div id="one"></div>
    <div id="two"></div>
    <div id="three"></div>
    <div id="four"></div>
</body>
</html>
```

例 4-23 中，设置层叠效果前的运行效果如图 4-42 所示，红色 div 在最下面，设置层叠效果后的运行效果如图 4-43 所示，红色 div 在最上面。z-index 的属性值可以取负数和 0。

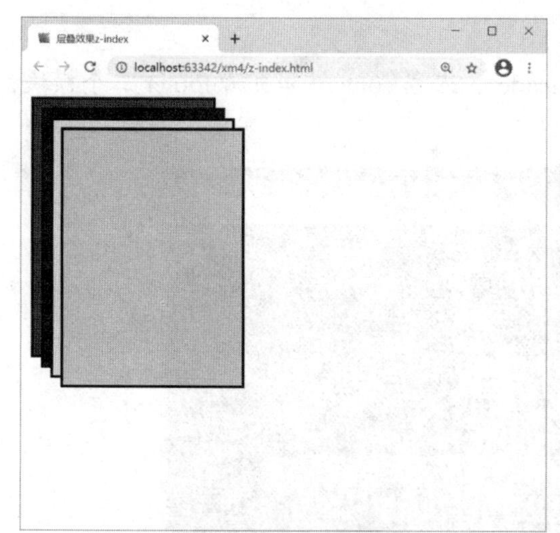

图 4-42　设置层叠效果前

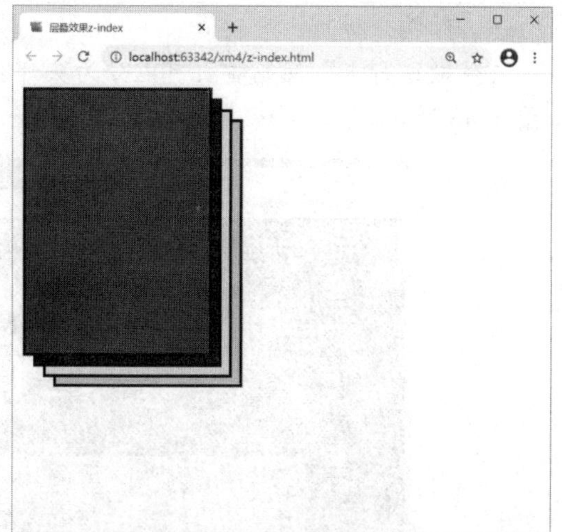

图 4-43　设置层叠效果后

项目案例

制作“致敬逆行者”网站首页

学习完基础知识，我们就开始做“致敬逆行者”网站首页，其运行效果如图 4-44 所示。

图 4-44　“致敬逆行者”网站首页

一、结构分析

“致敬逆行者”网站首页可以分为头部 header、内容 content 和页脚 footer 三个模块，如图 4-45 所示。

图 4-45 “致敬逆行者”网站首页结构分析

二、样式分析

页面效果图的样式主要分为四部分，具体分析如下：

1. body 要添加背景。

2. 头部 header。

（1）header 是一个 div，需要对其设置宽度，高度可以由内容确定，并且要水平居中；

（2）添加背景图片，并且添加文字，设置其属性；

（3）导航 nav 的宽度设置 100%，即与 header 宽度一致，文字通过<ul>实现，<li>要设置其宽度、高度和内外边距，添加背景色。

3. 内容 content。

（1）content 是一个大 div，需要对其设置宽度，水平居中，高度可由内容确定；

（2）大 div 可以分为上下两个小 div，上面的 div 由左右两部分构成，设置图片的对齐方式和文字效果；

（3）内容和小 div 设置内外边距。

4. 页脚 footer。

（1）页脚宽度设置宽度并水平居中；

（2）文字水平和垂直都要居中。

三、完整代码

1. 结构：

```
<!DOCTYPE html>
<html>
<head lang="en">
    <meta charset="UTF-8">
    <title>致敬逆行者</title>
    <link href="css/style.css" rel="stylesheet" type="text/css" />
</head>
<body>
<div id="container">
    <div id="banner">
        <img src="img/banner.jpg">
    </div>
    <div id="nav">
        <ul>
            <li><a href="index.html">网站首页</a></li>
            <li><a href="renwu.html">感动人物</a></li>
            <li><a href="shunjian.html">动人瞬间</a></li>
            <li><a href="shipin.html">感人视频</a></li>
            <li><a href="tuji.html">感动图集</a></li>
        </ul>
    </div>
    <div id="news">
        <h3><span>英雄赞歌</span></h3>
        <ul>
            <li><span><a href="ganren1.html"> - 最美方舱播音员</a></span></li>
            <li><span><a href="ganren2.html"> - 可爱的志愿者</a></span></li>
            <li><span><a href="ganren3.html"> - 勇挑重任的 90 后</a></span></li>
        </ul>
        <p><img src="img/t5.jpg"><br>
            <img src="img/t3.jpg" ></p>
    </div>
    <div id="story">
        <h3>向英雄致敬</h3>
        <p>
            <img src="img/t9.jpg" style="float:right;margin-left: 30px; width:200px;">
            在抗击新冠病毒疫情中，总有那么一些镜头让人泪目和深感温暖。每一个平凡的日子，都有那么一些人为了更好的明天，铭记着初心、担负着使命，选择了逆行，向这些逆风而行的勇士、奋斗在疫情防控一线的逆行天使致以崇高的敬意和衷心的感谢。
```

```
感谢他们默默的坚守！ 这世上哪有什么岁月静好，只是因为有人在替我们负重前行罢了，这世上哪有什么天生的英雄，只有因为人们需要，才有人愿意牺牲自己成为英雄。每个时代有每个时代的英雄，灾难面前，他们毅然逆向前行，不畏生死，他们当之无愧是这个时代的英雄，向英雄致敬。
          </p>

          <h3>疫情中的温暖和力量</h3>
          <p> <img src="img/t4.jpg" style="float:right;margin-left: 30px; width:200px;">
武汉老百姓在这场疫情中遭受了疫情带来的苦难，很多人为了亲情、友情付出了自己巨大的爱。还有很多人冒着生命的危险，冲在抗疫第一线。特别是当地的医护人员，他们是伟大的战士，是了不起的英雄。他们从疫情萌芽至今仍在坚守，仍在一线作战，他们的付出、牺牲、奉献，给了我们最大的感动，值得我们给予最高的礼遇，给予英雄的赞美。那些为我们雪地抱薪、深夜提灯的人，不仅值得我们感恩，更值得我。 </p>
      </div>
      <div id="thank">
          <h3>永远铭记</h3>
          <p>一方有难、八方支援，在这场没有硝烟的战场上，一张张冲到第一线的"最美逆行者"的照片刷屏朋友圈，他们毅然决然的背影让人感动、给人力量！历史将会铭记逆行者的无私付出，铭记逆行者的砥砺担当
              。你们是中国坚实的脊梁！ </p>
      </div>
      <div id="footer">
          <p>致敬逆行者<br>高计 1905 金玉强</p>
      </div>
</div>
</body>
</html>
```

2. 样式文件“style.css”

```
* {
    margin: 0;
    padding: 0;
}
ul li {
    list-style: none;
}
a {
    text-decoration: none;
```

```
}
body {
    margin: 0;
    padding: 0;
    background-color: #2e1f22;
    color: #444;
    font-size: 16px;
}
#banner img{
    width: 1200px;
}
#container {
    width: 1200px;
    margin: 0 auto;
}
#nav {
    background-color: #53492f;
    height: 50px;
}
#nav li {
    float: left;
    width: 240px;
    text-align: center;
    line-height: 50px;
}
#nav li a {
    color: #fff;
}
#nav li:hover {
    background-color: #c1b491;
}
#news {
    float: left;
    width: 230px;
    margin-top: 10px;
    background-color: #c1b491;
}
#news img{
```

```
        width: 230px;
        height: 155.6px;
    }
    h3 {
        line-height: 60px;
        padding-left: 20px;
        color: #2e1f22;
    }
    #news li {
        padding-left: 20px;
        line-height: 36px;
        font-size: 15px;
        border-top: 1px dashed #2e1f22;
    }
    #news li a {
        color: #2e1f22;
    }
    #story {
        float: right;
        width: 960px;
        margin-top: 10px;
        background-color: #c1b491;
    }
    #story p {
        padding: 0 20px 20px 20px;
        font-size: 15px;
        color: #2e1f22;
        line-height: 30px;
        text-indent: 2em;
    }
    #thank {
        float: left;
        width: 1200px;
        background-color: #c1b491;
        margin: 10px 0;
    }
    #thank p {
        padding: 0 20px 20px 20px;
```

```
        font-size: 15px;
        color: #2e1f22;
        line-height: 30px;
        text-indent: 2em;
    }
    .content {
        width: 1200px;
        background-color: #c1b491;
        margin: 30px 0;
    }
    .content .dv{
        height: 360px;
        padding:30px 20px;
        border-bottom: 1px solid gray;
    }
    .content .dv img{
        width:200px;
        height: 350px;
        padding: 0 30px;
    }

    .content .dv    p{
        text-indent: 2em;
        font-size: 18px;
        line-height: 28px;
        color: #000;
    }
    #content li {
        float: left;
        width: 224px;
        margin-right:20px;
        margin-bottom:20px;
    }
    #content li:nth-child(5n) {
        margin-right:0;
    }
    #content li img {
        width:100%;
```

```
}

#footer {
    float: left;
    width: 1200px;
    background-color: #53492f;
    height: 50px;
    line-height: 50px;
    text-align: center;
    color: #fff;
}
```

【习题】

一、选择题

1．下列选项中，不属于块元素特点的是（　　）。

A．可以设置对其方式　　B．独占一整行

C．不能容纳行内元素　　D．可以容纳其他块元素

2．下列选项中，可以改变盒子外边距的是（　　）。

A．padding　　B．border

C．content　　D．margin

3．position 属性中，属于固定定位的是（　　）。

A．relative　　B．static

C．absolute　　D．fixed

4．下列选项中，属于行内元素的一项是（　　）。

A．<ul>　　B．<img>

C．<h3 >　　D．<div>

5．下列 z-index 序列号中，显示在最下面的是（　　）。

A．z-index：4;　　B．z-index：0;

C．z-index：-4;　　D．z-index：30;

二、填空题

1．设置 div 的左、右、上、下内边距分别为 10px、15px、20px、30px，代码是______________。

2. 综合设置 div 背景：url（img/summer.jpg）、不平铺、上下边距 30px、左右边距 50px、固定定位，实现代码是______________。

3．设置元素为行内块元素的代码是________________________。

4．在 CSS 中，通过属性 ______________，可以设置网页的背景图片。

5．下列代码中，设置 div 的边框宽度为_______________。

```
    div{
    margin: 30px 40px;
    border:5px dashed blue;
    background-color: pink;
}
```

三、操作题

请用 H5 实现图 4-45 所示的内容，在浏览器中测试，提交一个 HTML 文件。

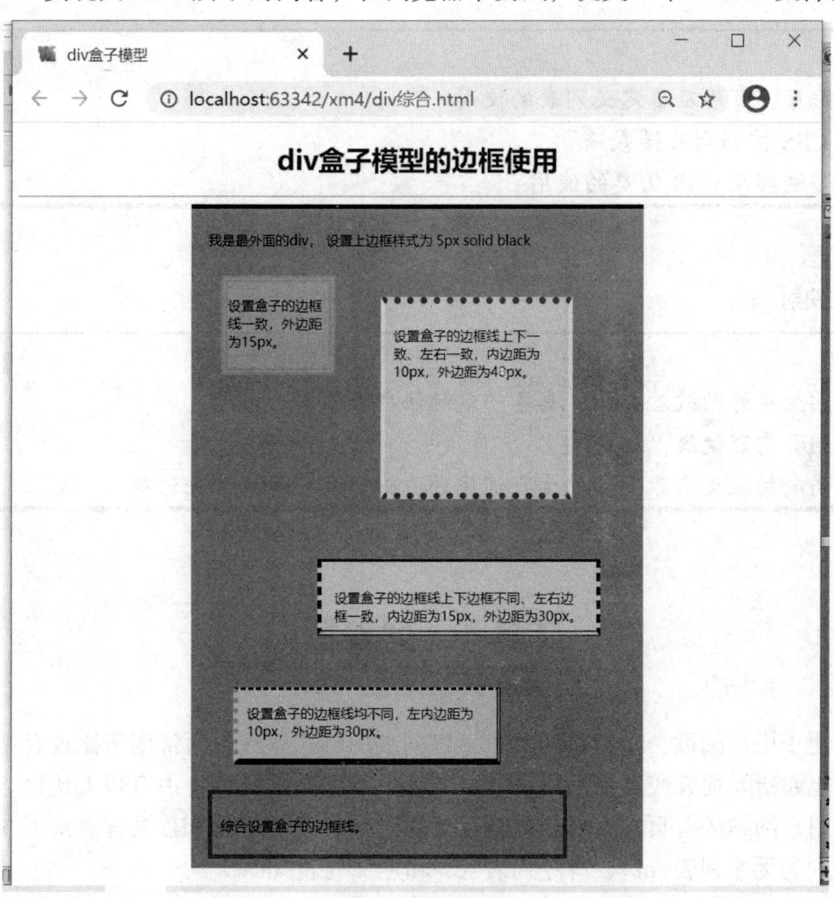

图 4-45 操作题图

项目五

列表与超链接

学习目标

- 掌握无序、有序及自定义列表的使用
- 掌握 CSS 控制列表样式
- 掌握超链接及 CSS 伪类的使用

思政映射

- 培养学生良好的政治素养、具备一定的法律意识
- 制作网页内容健康，积极向上
- 培养高尚的人文素养，使学生有健康的身心以及良好的职业道德

任务 1　列表标记

为了便于用户阅读，经常将网页信息以列表的形式呈现，通常用于比较有规律性的展示布局，比如新闻列表或者产品列表等。列表形式在网站设计中占有很大比例。大家浏览一下各大门户网站的首页，大部分内容都是用列表实现的。HTML 语言提供了 3 种常用的列表，分别为无序列表<ul>、有序列表<ol>和定义列表<dl>。

一、无序列表 ul

无序列表是网页中最常用的列表，之所以称为“无序列表”，是因为其各个列表项之间为并列关系，没有顺序级别之分。在实际应用中，常使用无序列表来实现导航和新闻列表的设置。无序列表是 unordered list 的简写 ul 标签。内容项是 list item 的简写 li 标签。定义无序列表的基本语法格式如下：

```
<ul>
    <li>列表项 1</li>
    <li>列表项 2</li>
    <li>列表项 3</li>
......
</ul>
```

在 HTML 文件中，可以使用成对的<ul></ul>标记来插入无序列表，中间的列表项标记<li></li>(list-items)用来定义列表项序列。

使用无序列表标记 ul 的 type 属性（使用 CSS 的 list-style 来代替），用户可以指定出现在列表项前的项目符号样式，主要有 disc（实心圆点）（默认值）、circle（空心圆点）、square（实心方块）、none（无项目符号）。无序列表常用的 type 属性值如表 5-1 所示。

表 5-1　无序列表常用的 type 属性值

属　性	属性值	显示效果
type	disc(实心圆点)	●
	circle(空心圆点)	○
	square(实心方块)	■
	none(无项目符号)	无

注意

（1）不赞成使用无序列表的 type 属性，一般通过 CSS 样式属性替代。

（2）<li>与</li>之间相当于一个容器，可以容纳所有的元素。但是<ul></ul>中只能嵌套<li></li>，直接在<ul></ul>标记中输入文字的做法是不被允许的。

例 5-1　创建无序列表

```
<!DOCTYPE html>
<html>
<head lang="en">
    <meta charset="UTF-8">
    <title>无序列表</title>
</head>
<body>
    <ul>
        <li>新闻</li>
        <li>军事</li>
        <li>国内</li>
        <li>国际</li>
```

```
        </ul>
        <ul type="circle">
            <li>财经</li>
            <li>股票</li>
            <li>基金</li>
            <li>外汇</li>
        </ul>
        <ul type="square">
            <li>科技</li>
            <li>手机</li>
            <li>探索</li>
            <li>众测</li>
        </ul>
        <ul type="none">
            <li>体育</li>
            <li>NBA</li>
            <li>英超</li>
            <li>中超</li>
        </ul>
    </body>
    </html>
```

运行效果如图 5-1 所示。

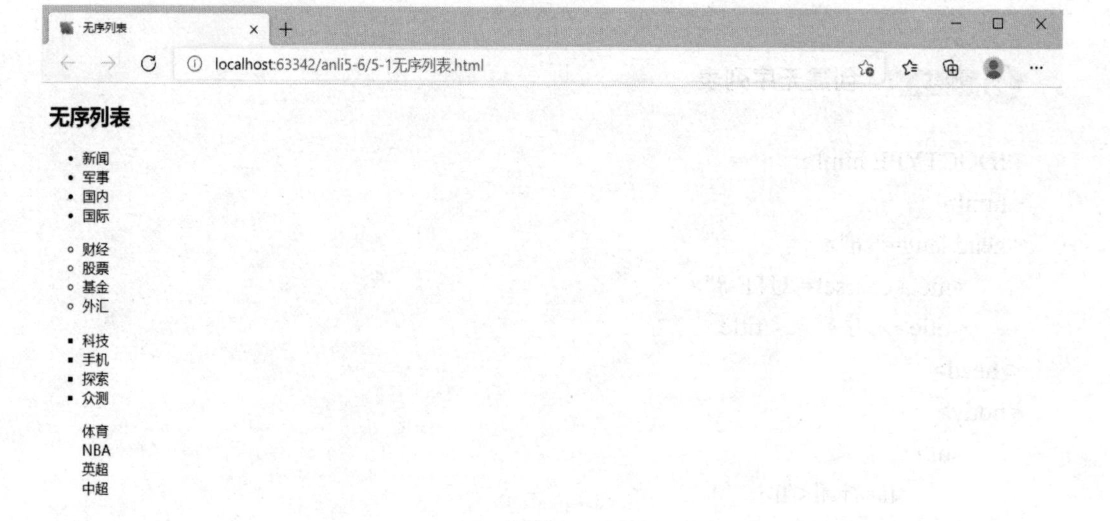

图 5-1 创建无序列表

在例 5-1 中，<ul></ul>创建了四个无序列表，第一个默认类型是实心圆点，第二个通过 ul 的 type 属性设置空心圆点效果，第三个通过 ul 的 type 属性设置实心方块效果。第四个通过 ul 的 type 属性设置无项目符号。

二、有序列表 ol

有序列表为有排列顺序的列表，其各个列表项会按照一定的顺序排列，它们之间以编号来标记。有序列表是 order list 的简写 ol 标签，内容项是 list item 的简写 li 标签。定义有序列表的基本语法格式如下：

```
<ol>
    <li>列表项 1</li>
    <li>列表项 2</li>
    <li>列表项 3</li>
......
</ol>
```

在 HTML 文件中，可以使用成对的<ol></ol>标记来插入有序列表，中间的列表项标签<li></li>(list-items)用来定义列表项序列。

使用有序列表标签<ol>的 type 属性(使用 CSS 的 list-style 来代替)，用户可以指定出现在列表项前的编号样式，主要有“1”（默认值）“a”“A”“i”“I”，也可以定义<ol>的 start 属性设置列表编号的起始值。定义<li>的 value 属性规定这一项的数字，接下来的列表项目会从该数字开始进行升序排列。有序列表相关属性及取值如表 5-2 所示。

表 5-2 有序列表相关的属性

属 性	属性值	描 述
type	1（默认）	数字 1 2 3…
	a	小写英文字母 a b c d…
	A	大写英文字母 A B C…
	i	小写罗马数字 i ii iii…
	I	大写罗马数字Ⅰ Ⅱ Ⅲ…
start	数字	规定项目符号的起始值
value	数字	规定项目符号的数字

例 5-2 创建有序列表

```
<!DOCTYPE html>
<html>
<head lang="en">
    <meta charset="UTF-8">
    <title>有序列表</title>
</head>
<body>
    <h2>音乐排行-飙升榜</h2>
    <ol>
```

```
        <li>for ya</li>
        <li>你的轮廓</li>
        <li>藏头诗</li>
        <li>宿敌亲戚</li>
        <li>湖的另一岸</li>
    </ol>
    <h2>音乐排行-新歌榜</h2>
    <ol type="a" start="2">
        <li>关机又关机</li>
        <li>你的轮廓</li>
        <li>星辰大海</li>
        <li>千千万万</li>
        <li>我在等</li>
    </ol>
    <h2>音乐排行-原创榜</h2>
    <ol type="I">
        <li>狐狸的童话</li>
        <li>我将在黎明出发</li>
        <li value="5">只有我</li>
        <li>白驹</li>
        <li>吾宁爱与憎</li>
    </ol>
</body>
</html>
```

运行效果如图 5-2 所示。

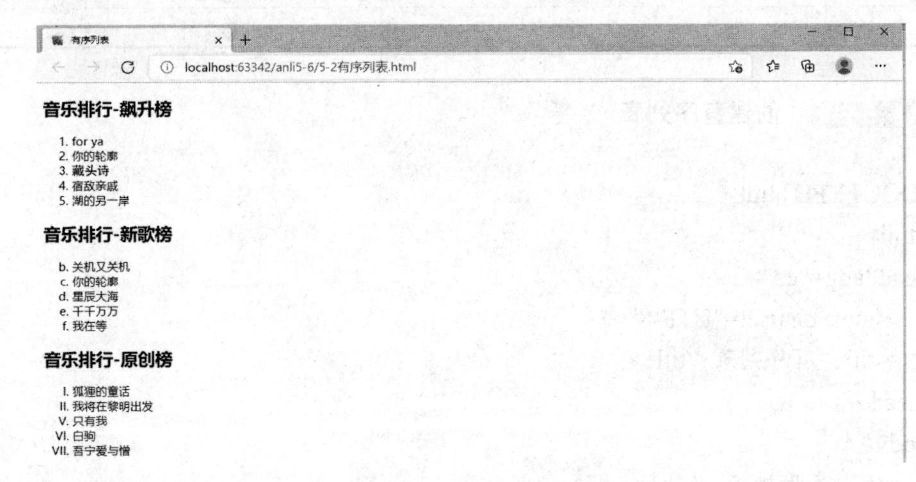

图 5-2　创建有序列表

在例 5-2 中，<ol></ol>创建了三个有序列表，第一个默认编号是 1，2，3，…阿拉伯数字；第二个通过 ol 的 type 属性设置小写字母编号，且从第 2 个序号开始；第三个通过 ol 的 type 属性设置大写罗马字母编号，且从第 3 个列表项的序号为 5，后面列表项依次增加。

三、定义列表

定义列表常用于对术语或名词进行解释和描述。定义列表不是一个项目的序列，它是一系列项目和它们的解释。与无序和有序列表不同，定义列表的列表项前没有任何项目符号。定义列表的基本语法格式如下：

```
<dl>
    <dt>名词 1</dt>
    <dd>名词 1 解释描述信息 1</dd>
    <dd>名词 1 解释描述信息 2</dd>
    ...
    <dt>名词 2</dt>
    <dd>名词 2 解释描述信息 1</dd>
    <dd>名词 2 解释描述信息 2</dd>
    ...
</dl>
```

在 HTML 文件中，可以使用成对的<dl></dl>标记来插入定义列表，定义列表常用于实现图文混排效果，其中<dt></dt>标记中插入图片或名词，<dd></dd>标记中放入对图片解释说明的文字或名词的解释说明。

例 5-3 创建定义列表

```
<!DOCTYPE html>
<html>
<head lang="en">
    <meta charset="UTF-8">
    <title>定义列表</title>
</head>
<body>
<dl>
    <dt><img src="images/mingyue.jpg" width="60px"/></dt>
    <dd>明月几时有</dd>
    <dd>明月几时有？把酒问青天。不知天上宫阙，今夕是何年。
        我欲乘风归去，又恐琼楼玉宇，高处不胜寒。
```

```
        起舞弄清影，何似在人间。</dd>
    <dt><img src="images/chibi.jpg" width="60px"/></dt>
    <dd>念奴娇·赤壁怀古</dd>
    <dd>大江东去，浪淘尽，千古风流人物。
        故垒西边，人道是，三国周郎赤壁。
        乱石穿空，惊涛拍岸，卷起千堆雪。
        江山如画，一时多少豪杰。</dd>
</dl>
<dl>
    <dt>人工智能</dt>
    <dd>即 AI。它是研究、开发用于模拟、延伸和扩展人的智能的理论、方法、技术及应用系统的一门新的技术科学。</dd>
    <dd>人工智能是一门极富挑战性的科学，从事这项工作的人必须懂得计算机知识、心理学和哲学。</dd>
    <dt>物联网</dt>
    <dd>即“万物相连的互联网”，是互联网基础上的延伸和扩展的网络，将各种信息传感设备与互联网结合起来而形成的一个巨大网络，实现在任何时间、任何地点，人、机、物的互联互通。</dd>
    <dd>物联网是新一代信息技术的重要组成部分，IT 行业又叫泛互联，意指物物相连，万物万联。由此，“物联网就是物物相连的互联网”。</dd>
</dl>
</body>
</html>
```

运行效果如图 5-3 所示。

图 5-3　创建定义列表

在例 5-3 中，<dl></dl>创建了两个定义列表，第一个定义列表解释描述图片。第二个定义列表解释描述名词。

四、列表的嵌套

列表还可以嵌套使用，就是在一个列表中可以包含多层子列表，就像图书的目录，让人觉得有很强的层次感。在网页中使内容布局更加清晰、合理、美观。有序列表和无序列表不仅能自身嵌套，而且也能互相嵌套。

例 5-4 列表的嵌套

```
<!DOCTYPE html>
<html>
<head lang="en">
    <meta charset="UTF-8">
    <title></title>
</head>
<body>
<h2>菜谱</h2>
    <ul type="disc">
        <li>热菜
            <ol>
                <li>鱼香肉丝</li>
                <li>糖醋里脊</li>
                <li>孜然炒肉</li>
            </ol>
        </li>
        <li>凉菜
            <ul>
                <li>酱牛肉</li>
                <li>洋葱木耳</li>
                <li>凉拌三丝</li>
            </ul>
        </li>
        <li>主食
            <ol type="A">
                <li>米饭</li>
                <li>面条
                    <ul>
                        <li>臊子面</li>
                        <li>干拌面</li>
```

```
                        </ul>
                    </li>
                    <li>饺子</li>
                </ol>
            </li>
        </ul>
</body>
</html>
```

运行效果如图 5-4 所示。

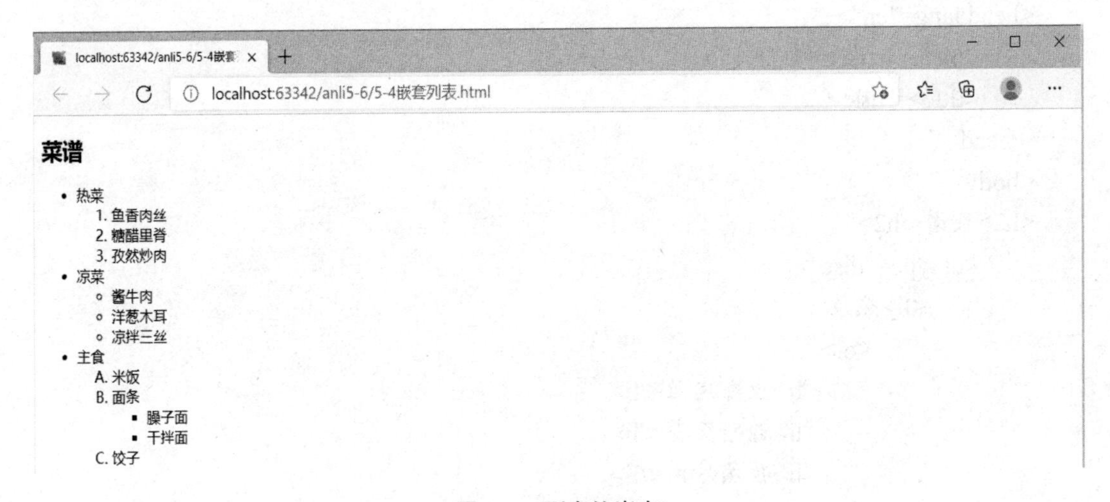

图 5-4　列表的嵌套

在例 5-4 中，<ul></ul>创建了一个无序列表，每个列表项里嵌套了有序、无序列表。

对于无序列表，若不设置 type 属性，在浏览器中一级条目默认是实心圆点，二级条目默认使用空心圆点，三级条目默认使用实心方块，大家可以体会一下。

任务 2　CSS 控制列表样式

列表在网页中使用频繁，那么它的美观性就比较重要，除了可以通过标记的属性控制列表的项目符号，还可以通过 CSS 属性设置风格各异的列表，比如 width 与 height，但这些是通用属性，如 list-style 是专门用于设置列表样式的属性。

一、list-style-type 属性

list-style-type 属性设置列表项显示符号的类型，这些标识都是预定义好的。list-style-type 的属性值具体如表 5-3 所示。

表 5-3 list-style-type 属性值

属性值	描 述
disc	实心圆（无序列表）
circle	空心圆（无序列表）
square	实心方块（无序列表）
none	无（无序列表和有序列表）
decimal	数字 1 2 3…（有序列表）
lower-alpha	小写英文字母 a b c d…（有序列表）
upper-alpha	大写英文字母 A B C…（有序列表）
lower-roman	小写罗马数字 i ii iii…
upper -roman	大写罗马数字Ⅰ Ⅱ Ⅲ…

二、list-style-image 属性

list-style-image 属性将图像设置为列表项标识，使列表的样式更加美观。list-style-image 属性的优先级要高于 list-style-type 属性。

例如：list-style-image: url("images/announce.png")

三、list-style-position 属性

list-style-position 属性设置列表项标识的位置，即列表项目符号相对于列表项内容的位置。它具有两个属性值：

（1）outside：标识放置于每一项列表的外侧，默认值。

（2）inside：标识放置于每一项列表的内侧。

四、list-style 属性

list-style 属性是 CSS 样式的一个复合属性，可以将列表相关的样式都综合定义在一个复合属性 list-style 中。使用 list-style 属性综合设置列表样式的语法格式如下：

list-style：list-style-type list-style-position list-style-image

注意：list-style 可以满足普通需要，但是难以满足要求比较高的需求，比如 list-style-position 难以精确定位。因此很多时候，使用背景图片方式设置列表起始位置标识更为精确有效。

例 5-5 CSS 控制列表样式

```
<!DOCTYPE html>
<html>
<head lang="en">
    <meta charset="UTF-8">
    <title>CSS 控制列表样式</title>
```

```
    <style type="text/css">
        .one li{
            list-style-type: circle;
            list-style-image: url("images/announce.png");
            list-style-position: inside;
            /*list-style:inside url("images/announce.png");*/
        }
        .two li{
            list-style: none;
            height: 26px;
            line-height: 26px;
            background:url("images/bos.jpg")no-repeat left center;
            padding-left: 25px;
        }
    </style>
</head>
<body>
    <h2>CSS 控制列表样式</h2>
    <ul class="one">
        <li>列表项目符号</li>
        <li>列表项目图像</li>
        <li>列表项目符号的位置</li>
    </ul>
    <h2>计算机专业教材</h2>
    <ul class="two">
        <li>C 语言程序设计</li>
        <li>网页设计与制作</li>
        <li>SQL 数据库</li>
        <li>软件测试</li>
    </ul>
</body>
</html>
```

运行效果如图 5-5 所示。在例 5-5 中，<ul></ul>创建了两个无序列表，第一个列表用 CSS 的 list-style 三个属性美化，第二个列表用背景图像的方式美化列表。

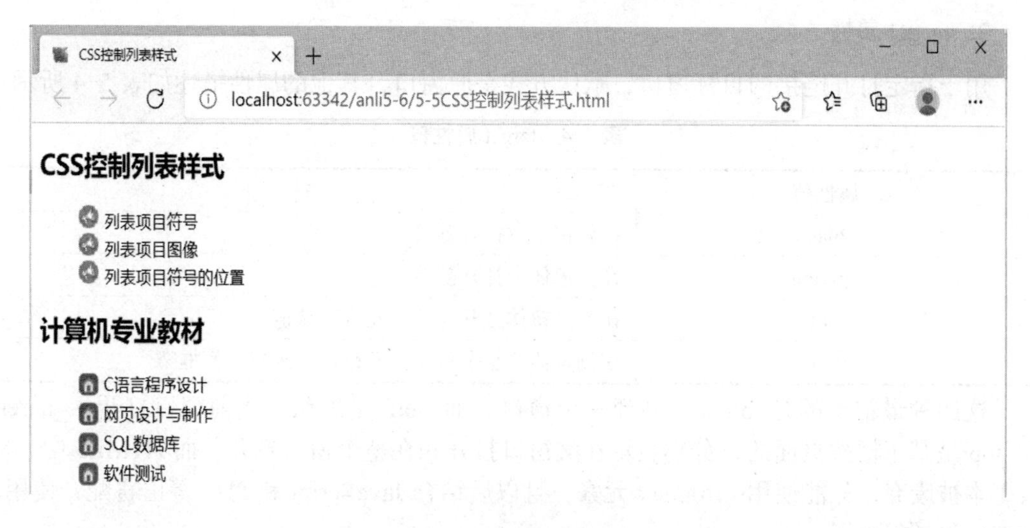

图 5-5 CSS 控制列表样式

任务 3 超链接标记

一个网站通常由多个网页构成，每个网页通过超链接关联在一起，构成一个完整的网站。如果点击某个文本或图片等元素想跳转到其他页面或位置，就需要对文本或图片创建超链接，即可跳转到目标位置。

一、创建超链接

超链接虽然在网页中应用非常广泛，但是在 HTML 中创建超链接非常简单，只需用<a> </a>标记环绕需要被链接的对象即可，其基本语法格式如下：

```
<a href="跳转目标"  target="目标窗口的弹出方式">链接对象</a>
```

1．href 属性

用于指定链接目标的 url 地址，当为<a>标记应用 href 属性时，它就具有了超链接的功能，因此是不可省略的属性。

（1）空链接：某个页面还没做好或者还没确定好链接目标，可以先做一个空链接。例如：<a href="#">留言</a>。

（2）链接到某个页面。例如：<a href="index.html" >首页</a>。

（3）链接到某个网站。例如：<a href="https://www.baidu.com">百度</a>。

（4）链接到文件。例如：<a href="zuoye.rar">学生作业</a>。

（5）链接到电子邮件。例如：<a href="mailto:abc@163.com?subject=你好">联系我们</a>，其中 mailto：表示电子邮件地址，subject 表示邮件的主题。

2．target 属性

用于指定打开链接的目标窗口，默认方式是原窗口，其他的属性描述如表 5-4 所示。

表 5-4　target 属性值

属性值	描　述
_blank	在新窗口中打开链接
_parent	在父窗体中打开链接
_self	在当前窗体打开链接，此为默认值
_top	在浏览器的整个窗口打开链接，忽略任何框架

这四种最常见的是_blank，新建一个窗口。而_self 是默认，当前窗口打开。_parent 和_top 是基于框架页面的，分别表示在父窗口打开和在整个窗口打开。而 HTML5 中，框架基本被废弃，只能使用< iframe >元素，且以后结合 JavaScript 和 PHP 等语言配合使用，框架用得就很少了。

3．图片链接

链接对象除了常用的文本，还可以是图片。例如：<a href="#"><img src="images/logo.gif" /></a>。创建图片超链接时，在某些浏览器中，图片会自动添加边框效果，这时为了不影响页面的美观，通常需要清除超链接图片的边框，使图片正常显示。

<a href="#"><img src="images/logo.gif" border="0" /></a>

4.链接对象

不仅可以创建文本或图片链接，还可以为网页中的表格、音频、视频等创建链接。

二、文件路径

html 中的路径：指文件存放的位置，在网页中利用路径可以引用文件，完成插入图像、视频等功能。利用路径也可完成超链接的目标。在 html 中路径的使用方式有绝对路径和相对路径两种。

1．绝对路径

绝对路径就是直接从磁盘的位置去定位文件的地址。类似于通过“我的电脑”盘符的方式来寻找想要的指定内容，或者说直接带着协议、域名。绝对路径指文件的完整路径，也包括文件传输协议 HTTP、FTP 等，一般用于网站的外部链接，例如：https://www.sina.com.cn/。

这种方式最致命的问题是，当整个目录转移到另外的盘符或其他电脑时，目录结构一旦出现任何变化，链接当即失效。

2．相对路径

相对路径是相对于当前文件的路径，包含了从当前文件指向目标文件的路径。只要处于站点文件夹内，即使不属于同一个文件目录下，相对路径只是使用方式不同，具体如表

5-5 所示。

表 5-5 相对路径的使用方法

相对位置	输入方法	举　例
同一目录	直接输入要链接的文档名	index.html
链接下一目录	先输入目录名，后加入“/”	Videos/v1.mov
链接上一目录	先输入“../”，再输入目录名	../images/pic1.jpg

制作网站时，通常使用相对路径，移动网站时引用的图片、视频，创建的链接等不会出现打不开的现象。

三、锚点链接

浏览网站时，为了提高信息的检索速度，常需要用到 HTML 语言中一种特殊的链接——锚点链接，通过创建锚点链接，用户能够快速定位到目标内容。例如：百度百科页面。

创建锚点链接分以下两个步骤：

1．定义锚点

在页面任何位置使用 id="锚点名"。

2．链接到锚点

（1）在同一页面创建锚点链接，使用“<a href="#id 名" >链接文本</a>”链接到锚点。

（2）在不同页面创建锚点链接，使用“<a href="页面名称#id 名">链接文本</a>”链接到不同页面锚点。

例 5-6　创建锚点链接

```
<!DOCTYPE html>
<html>
<head lang="en">
    <meta charset="UTF-8">
    <title>锚点链接</title>
    <style type="text/css">
        div{
            width: 1000px;
            margin: 0 auto;
        }
        p{
            text-indent: 2em;
        }
        .return{
```

```
            text-align: right;
        }
    </style>
</head>
<body>
    <div>
    <h2 id="top">计算机专业教材</h2>
    <ul>
        <li><a href="#one"> 网页设计与制作</a></li>
        <li><a href="#two">SQL 数据库设计</a></li>
        <li><a href="#three">Java 基础入门</a></li>
        <li><a href="#four">C 语言开发入门</a></li>
        <li><a href="#five">Photoshop 图形图像处理技术</a></li>
    </ul>
    <h3 id="one">网页设计与制作</h3>
    <p>"网页设计与制作"课程涉及网页基础、HTML 标记、CSS 样式、网页布局等内容。通过本课程的学习，学生能够了解 HTML、CSS 及 JavaScript 语言的发展历史及未来方向，熟悉网页制作流程，掌握常见的网页布局效果，学会制作各种企业、门户、电商类网站。学生根据实际需要自行设计网页，建立网站。最终设计制作一个具有实用意义的漂亮网站，并上传到学习用的服务器（或互联网）上。</p>
    <p>随着通信和网络技术的发展，互联网已经成为一种最新的信息交流方式，上网成为当今人们一种必不可少的生活习惯。通过互联网人们足不出户就可以浏览全世界的信息。网页，作为组成互联网成千上万网站最基本的媒介单元，也逐渐成为各种创意设计和技术革新的发源地和试验田，HTML5 和基于 Web 标准的网页设计技术将引领着互联网的方向和潮流。网页设计与制作课程是一门实践性很强的计算机相关专业的核心课程，也是一门集色彩处理、结构设计的艺术课。本课程教学团队由一线教师组成，几位老师将带领大家学习网页设计与制作相关的知识，掌握 HTML 语言、CSS、JavaScript 编程技术等内容。如何设计和制作出一个功能强大并吸引人的网站，是网页设计师和网页制作者的向往。这门课程就是让大家掌握网页制作的基本方法和技巧，根据实际需要自行设计网页，建立网站。最终设计制作一个具有实用意义的漂亮网站，并上传到学习用的服务器（或互联网）上。有趣的 HTML5+CSS3，带你参与职业标准，完成网页设计师的岗位对接。</p>

    <h3 id="two">SQL 数据库设计</h3>
    <p>"SQL 数据库设计"是数据结构、操作系统、程序设计等许多软件知识的综合应用，其理论性和实用性都很强，是使用计算机进行各种信息管理的必备知识。通过本课程的学习，学生能够较全面地掌握当前主流数据库管理的基本知识与应用技能，精通 SQL 语言，熟练掌握对数据库进行存储、维护和恢复的基本能力。且能达
```

到培养学生项目合作、团队精神以及与外界交流的能力；培养学生逻辑思维能力和分析解决问题的能力；培养学生运用数据库管理系统解决实际问题的能力。</p>

<p>随着信息化浪潮的持续推进，物联网、移动互联网、社交媒体等大数据技术的飞速发展，数据资源急剧膨胀。如何解决数据管理的相关理论和技术问题，并利用计算机对这些数据资源进行科学的组织、存储、检索、维护和共享，是 SQL 数据库设计课程的主要研究内容。在本课程中，我们不仅希望学员通过阅读和书面习题掌握本课程的内容，通过完成实验项目锻炼学员实际动手的能力；还要求学员能够理论联系实际，启发学员对理论知识的思考和理解，尽可能对接职业岗位、职业标准。本课程的教学团队由一线教师组成，几位老师将先后带领同学们学习数据库系统的基本概念和原理、数据库创建与管理、数据表创建与管理、查询、视图、数据完整性等内容。这是一门理论联系实际、实用性非常强的计算机及相关专业的核心课程。数据应该如何科学地组织和管理？检索和共享？在课程中，我们将带领大家打开对数据管理和应用的大门。好玩的实验与数据统计，带你参与职业标准，完成岗位对接。</p>

<h3 id="three">Java 基础入门</h3>

<p>“Java 基础入门”是一种面向对象的编程语言，具有面向对象、平台无关、分布式、多线程、安全等优良特性，既可以开发大型的 Web 应用程序，也可以开发桌面应用程序，还可以开发移动端应用程序，而且它具有良好的跨平台性，“一次编写，到处运行”，现已成为网络时代最重要的编程语言之一，学习并掌握好 Java 面向对象编程技术已经成为广大软件设计开发者的共识。本课程将从 Java 语言最基本的入门概念开始，讲述 Java 语言程序设计的相关知识，包括 Java 语言的数据类型、运算符、表达式与流程控制、数组等，重点对 Java 面向对象程序设计的基本概念，如类、对象、接口、继承和多态、图形界面与事件处理、多线程、文件流、异常处理等进行深入浅出的讲解，并结合大量的编程实例对编程应用进行讲解。基本语法、面向对象的思想，采用典型翔实的例子、通俗易懂的语言阐述面向对象中的抽象概念。</p>

</p>

<h3 id="four">C 语言开发入门</h3>

<p>“C 语言开发入门”，C 语言是目前国内外广泛流行的一种计算机结构化程序设计语言。C语言简洁紧凑，使用方便灵活，功能丰富、表达能力强，它不仅适合编写系统软件，而且也适合编写应用软件。使学生掌握基本语法、程序设计的基本思想和结构化程序设计的一般方法，本课程主要讲授数据类型、三种基本结构、数组、指针、函数、结构体和文件等，采用案例式教学模式，培养学生的实践能力，最终使学生在实践中能够运用 C 语言程序设计解决生活中的实际问题；从而为进一步学习面向对象的程序设计及其他后续计算机专业课程奠定必要的基础。</p>

</p>

<h3 id="five">Photoshop 图形图像处理技术</h3>

<p>“Photoshop 图形图像处理技术”主要介绍了 Photoshop 软件在视觉传达设计

领域的应用，该课程以图形图像处理为主线，以 Photoshop CS6 软件的应用为基础，精选了众多图像合成案例、人像后期处理、产品包装设计、产品海报招贴设计等多个真实设计项目为载体，深入浅出地讲解了多个软件操作中的难点理论知识，将理论教学与实践训练融为一体，系统地介绍了 Photoshop 基本的使用方法和技巧。通过学习本课程，同学们可以轻松面对学习与生活中图像后期处理的各种任务和一些平面设计的相关知识。

```
    </p>
    <p class="return"><a href="#top">返回顶部</a> </p>
    </div>
</body>
</html>
```

运行效果如图 5-6 所示。

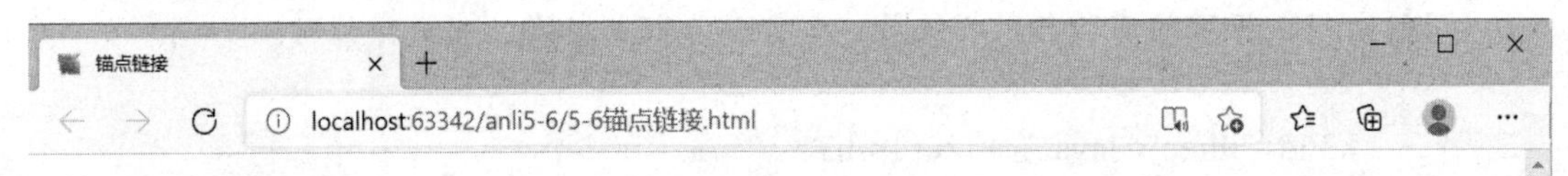

图 5-6　创建锚点链接

在例 5-6 中，创建了锚点链接跳转到各门课程，返回顶部锚点链接到顶部。

任务 4　链接伪类控制超链接

定义超链接时，为了提高用户体验，经常需要为超链接指定不同的状态，使得超链接在点击前、点击后和鼠标悬停时的样式不同。在 CSS 中通过链接伪类可以实现不同的链接状态。

伪类并不是真正意义上的类，它的名称是由系统定义的，通常由标签名、类名或 id 名加“:”构成，如表 5-6 所示。伪类是 CSS 选择器的一种。

表 5-6　超链接标签<a>的伪类

超链接标签<a>的伪类	含　义
a:link{ CSS 样式规则; }	默认超链接的状态
a:visited{ CSS 样式规则; }	访问后超链接的状态
a:hover{ CSS 样式规则; }	鼠标经过、悬停时超链接的状态
a:active{ CSS 样式规则; }	鼠标点击不动时超链接的状态

a:link，定义未访问时超链接的样式；

a:visited，定义已访问过链接的样式；

a:hover，定义鼠标悬浮在链接上时的样式；

a:active，定义鼠标点击链接时的样式。

例 5-7　链接伪类控制超链接

```
<!DOCTYPE html>
<html>
<head lang="en">
    <meta charset="UTF-8">
    <title>链接伪类</title>
    <style type="text/css">
        a:link,a:visited{
            color: #ff00ff;
            text-decoration: none;
        }
        a:hover{
            color: #00ff00;
            text-decoration: underline;
            background: yellow;
        }
```

```
        a:active{
            color: #0000ff;
            text-decoration: none;
            background: none;
        }
        li{
          list-style: none;
            float: left;
            margin-left:120px;
        }
    </style>
</head>
<body>
<ul>
    <li><a href="#">学习中心</a></li>
    <li><a href="#">课程资源</a></li>
    <li><a href="#">在线答疑</a></li>
    <li><a href="#">讨论交流</a></li>
</ul>
</body>
</html>
```

运行效果如图 5-7 所示。

图 5-7 链接伪类控制超链接

在例 5-7 中，无序列表创建了四个导航，分别建立空链接，设置了正常链接和访问过链接的状态文字为紫红色，无下划线。鼠标经过时背景为黄色，文字为绿色，有下划线。鼠标点击时无背景，文字为蓝色，无下划线。

注意

同时使用链接的 4 种伪类时，通常按照 a:link、a:visited、a:hover 和 a:active 的顺序书写，否则定义的样式可能不起作用。但通常将 a:link、a:visited 设为相同的效果，避免太乱。

除了文本样式之外，链接伪类还常常用于控制超链接的背景、边框等样式。

项目案例

制作“海绵宝宝”页面

学习完基础知识，利用列表、链接开始做一个“海绵宝宝”页面吧，其运行效果如图5-8所示。

图5-8 “海绵宝宝”页面效果

一、结构分析

“海绵宝宝”网站首页可以分为三个模块：头部 header、内容 content 和页脚 footer，如图5-9所示。

二、样式分析

页面效果图的样式主要分为四部分，具体分析如下：

1.页面统一样式通配符选择器，body 要添加背景。

2.头部 header。

（1）header 是一个 div，需要对其设置宽度，高度可以由内容确定，并且要水平居中；

（2）添加文字作为网页标题，设置各种文本属性。

3. 内容 content。

（1）content 是一个大 div，需要对其设置宽度、高度，水平居中；

（2）设置其中的列表样式、图片样式；

4. 页脚 footer。

（1）页脚宽度设置宽度，并水平居中；

（2）设置文本水平居中及其样式。

图 5-9 “海绵宝宝”页面结构分析

三、完整代码：

```
<!DOCTYPE html>
<html>
    <head>
        <meta charset="utf-8" />
        <title>海绵宝宝</title>
        <style type="text/css">
```

```
*{
    margin: 0;
    padding:0;
    list-style: none;
}
body{
    background: #ddc6e2;
}
.header{
    width: 1200px;
    height: 80px;
    margin: 0 auto;
    font-size: 50px;
    font-family: 隶书;
    color: cornflowerblue;
    line-height: 80px;
    text-align: center;
}
.content{
    width: 930px;
    height: 930px;
    background: coral;
    margin: 10px auto;
}
ul li{
    width: 300px;
    height: 300px;
    border: 3px solid deeppink;
    float: left;
    margin-left: 3px;
    padding-top: 3px;
}
img{
     width: 300px;
     height: 300px;
 }
.footer{
    width:1200px;
```

```
                height: 80px;
                margin: 0 auto;
                font-size: 20px;
                font-family: 楷体;
                color: darkviolet;
                text-align: center;
            }
        </style>
    </head>
    <body>
        <div class="header">海绵宝宝大合集</div>
        <div class="content">
            <ul>
                <li><a href="#"><img src="images/bao1.jpg"></a></li>
                <li><a href="#"><img src="images/bao2.jpg"></a></li>
                <li><a href="#"><img src="images/bao3.jpg"></a></li>
                <li><a href="#"><img src="images/bao4.jpg"></a></li>
                <li><a href="#"><img src="images/bao5.jpg"></a></li>
                <li><a href="#"><img src="images/bao6.jpg"></a></li>
                <li><a href="#"><img src="images/bao7.jpg"></a></li>
                <li><a href="#"><img src="images/bao8.jpg"></a></li>
                <li><a href="#"><img src="images/bao9.jpg"></a></li>
            </ul>
        </div>
        <div class="footer">
            Copyright&copy;小徐<br/>邮政编码:715500<br/>地址:陕西省西安市西
咸新区
        </div>
    </body>
</html>
```

【习题】

一、选择题

1．以下有关列表的说法中，错误的是（　　）。

A．有序列表和无序列表可以互相嵌套

B．指定嵌套列表时，也可以具体指定项目符号或编号样式

C．无序列表应使用 <ul> 和 <li> 标记符进行创建

D．在创建列表时，<li> 标记符的结束标记符不可省略

2．<ul>列表默认的项目符号是（　　）。

A．空心正方形　　　　B．实心正方形

C．空心圆点　　　　D．实心圆点

3．以下列表元素是无序列表的选项是（　　）。

A．<li></li>　　　　B．<ol></ol>

C．<ul></ul>　　　　D．<dl></dl>

4．以下（　　　）选项是表示本窗口打开网页文档。

A．_self　　　　B．_parent

C．_blank　　　　D．_new

5．若想要修改超链接的初始样式，可选择以下（　　）伪类选择器。

A．a:active　　　　B．a:link

C．a:hover　　　　D．a:visited

二、填空题

1．________列表各列表项之间没有顺序级别之分，通常是并列的。

2．用来为列表项设置样式属性是________。

3．选中某文本或图片，设置“链接”为空链接，<a href="__________">文本或图片</a>。

4．创建锚点链接分为定义锚点和链接到锚点两步，具体如下：

（1）使用“<a href="________">链接文本</a>。”

（2）使用相应的 id 名标注跳转目标到的位置。

5．设置鼠标经过、悬停时超链接的样式，需要给<a>标签添加的 CSS 样式的伪类是________。

三、操作题

请用 H5 实现图 5-10 的内容，在浏览器中测试。

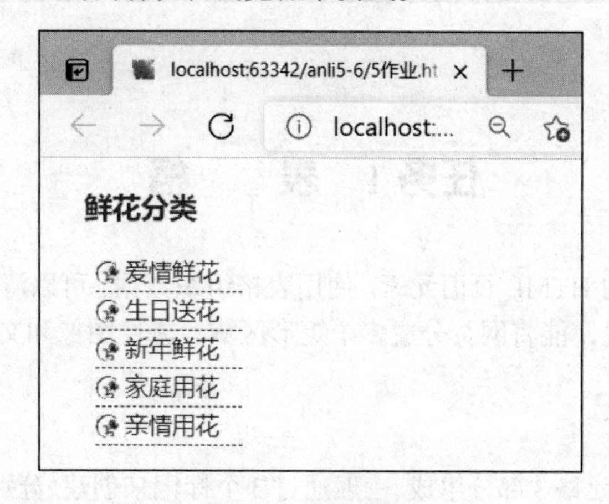

图 5-10　操作题图

项目六

表格和表单

学习目标

- 掌握表格的使用
- 掌握表单相关标记的使用
- 掌握表单样式的控制

思政映射

- 尊重科学，强调实践
- 尊重知识，培养创新意识
- 逐步形成学生的职业素养
- 树立辩证思维的职业态度
- 培养顾全大局的职业精神

任务1　表　　格

表格是一种常用的 HTML 页面元素。使用表格组织数据，可以清晰地显示数据间的关系。表格用于网页布局，能将网页分成多个矩形区域，方便图像和文本组织。

一、HTML 表格标记

表格由行、列和单元格 3 部分组成，一般通过 3 个标记来创建，分别是表格标记<table>、行标记<tr>、单元格标记<td>。表格的各种属性都要在表格的开始标记<table>和结束标记</table>之间才有效。表格常用标记如表 6-1 所示。

表 6-1　表格常用标记

标　记	描　述
<table>	表格标记
<tr>	行标记
<td>	单元格标记
<th>	表头标记

创建表格的基本语法格式如下：

```
< table >
    <tr>
        <td>单元格内的文字</td>
         ...
</tr>
    ...
</ table >
```

注意

整个表格以<table>标记开始、</table>标记结束。

<tr>...</tr>是表格的一行，有几对<tr></tr>，表格就有几行。

<td>...</td>是表格的一个单元格，一行中包含几对<td></td>，一行中就有几列。<th></th>是表格头部的一个单元格，表格表头<td></td>标记中的文本居中加粗显示。表格中列的个数，取决于一行中数据单元格的个数。

例 6-1　创建表格

```
<!DOCTYPE html>
<html>
<head lang="en">
    <meta charset="UTF-8">
        <title>表格结构</title>
    </head>
    <body>
        <table border="1">
            <tr>
                <th>学生姓名</th>
                <th>大赛类别</th>
                <th>获奖等级</th>
            </tr>
            <tr>
```

```
                <td>许小柔</td>
                <td>Web 应用软件开发</td>
                <td>一等奖</td>
            </tr>
            <tr>
                <td>张雅芳</td>
                <td>移动应用开发</td>
                <td>二等奖</td>
            </tr>
            <tr>
                <td>梁广龙</td>
                <td>云计算技术</td>
                <td>三等奖</td>
            </tr>
        </table>
    </body>
</html>
```

运行效果如图 6-1 所示。

学生姓名	大赛类别	获奖等级
许小柔	Web应用软件开发	一等奖
张雅芳	移动应用开发	二等奖
梁广龙	云计算技术	三等奖

图 6-1　创建表格

在例 6-1 中，创建了四行三列的表格。<table>标记设置了“border=1”，加上了边框，其余都是默认属性。大家也可以去掉这个属性，是一个无边框的四行三列表格。第一行单元格用<th>表头标记，单元格的内容默认居中加粗。其余单元格用<td>标记，单元格内容左对齐，不加粗。

二、表格标记的属性

为了使表格美观漂亮，可以设置各种属性。

1．<table>标记的属性

表格的常用属性如表 6-2 所示。

表 6-2　表格的常用属性

属　性	描　述	常用属性值
border	设置表格的边框（默认 border="0"为无边框）	像素值
cellspacing	设置单元格与单元格边框之间的空白间距	像素值（默认为 2 像素）
cellpadding	设置单元格内容与单元格边框之间的空白间距	像素值（默认为 1 像素）
width	设置表格的宽度	像素值
height	设置表格的高度	像素值
align	设置表格在网页中的水平对齐方式	left、center、right
bgcolor	设置表格的背景颜色	预定义的颜色值、十六进制#RGB、rgb(r，g，b)
background	设置表格的背景图像	url 地址

（1）border 属性。border 属性值不设置或设置为 0 时，显示为无边框

```
语法为<table border="6">，6 为边框宽度
```

（2）cellspacing 属性。表格内框宽度属性用于设置表格内部每个单元格之间的间距，默认情况下单元格之间有一定间距，看起来表格似乎是双线，双线之间的距离就是单元格之间的间距。若需要将表格变为单线，设置“cellspacing=0”即可。语法为：

```
<table cellspacing="内框宽度值">
```

（3）cellpadding 属性。在默认情况下，单元格里的内容会紧贴着表格的边框，这样看上去会非常拥挤，可用此语法设置其间距离。语法为：

```
<table cellpadding="文字与边框距离值">
```

（4）width 属性。表格的宽度语法为：

```
<table width="800px">
```

（5）height 属性。表格的高度语法为：

```
<table height="500px">
```

（6）align 属性。表格的对齐语法为：

```
<table align="对齐方式">
```

在对齐方式中填入相应的属性值：

```
left：左对齐
center：居中
right：右对齐
```

（7）bgcolor 属性。语法为：

```
<table bgcolor="#548741">
```

（8）background 属性。语法为：

```
<table background="图片链接">
```

例 6-2　设置表格的属性

```
<!DOCTYPE html>
```

```
<html>
<head lang="en">
    <meta charset="UTF-8">
        <title>表格结构</title>
    </head>
    <body>
        <table width="600px" height="300px" border="1" cellspacing="0"
cellpadding="20" align="center" bgcolor="#87cefa">
            <tr>
                <th>学生姓名</th>
                <th>大赛类别</th>
                <th>获奖等级</th>
            </tr>
            <tr>
                <td>许小柔</td>
                <td>Web 应用软件开发</td>
                <td>一等奖</td>
            </tr>
            <tr>
                <td>张雅芳</td>
                <td>移动应用开发</td>
                <td>二等奖</td>
            </tr>
            <tr>
                <td>梁广龙</td>
                <td>云计算技术</td>
                <td>三等奖</td>
            </tr>
        </table>
    </body>
</html>
```

运行效果如图 6-2 所示。

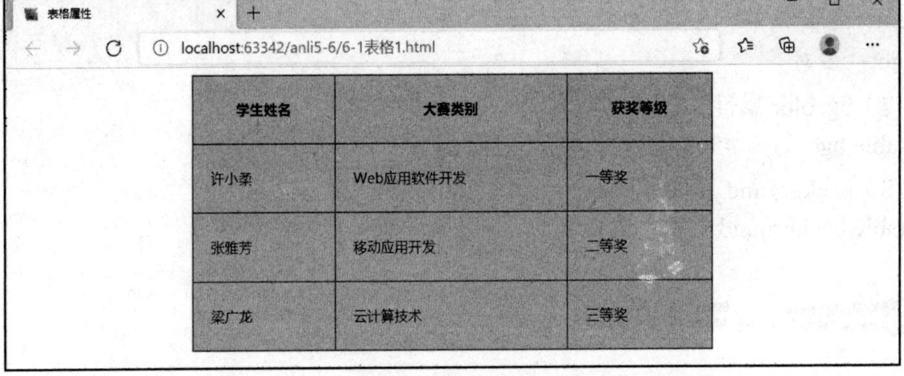

图 6-2　设置表格属性

在例 6-2 中，设置了表格的相关属性<table width="600px" height="300px" border="1" cellspacing="0" cellpadding="20" align="center" bgcolor="#87cefa">。大家也可以尝试 background 属性，用图片作为表格背景。效果如图 6-3 所示。

图 6-3　图片作为表格背景

2．<tr>标记的属性

行的常用属性如表 6-3 所示。

表 6-3　行的常用属性

属　性	描　述	常用属性值
height	设置行高度	像素值
align	设置一行内容的水平对齐方式	left、center、right
valign	设置一行内容的垂直对齐方式	top、middle、bottom
bgcolor	设置行背景颜色	预定义的颜色值、十六进制#RGB、rgb(r,g,b)
background	设置行背景图像	url 地址

注意

<tr>标记无宽度属性 width，其宽度取决于表格标记<table>。
对<tr>标记应用 valign 属性，用于设置一行内容的垂直对齐方式。
虽然可以对<tr>标记应用 background 属性，但是在<tr>标记中此属性兼容问题严重。

例 6-3　设置行的属性

```
<!DOCTYPE html>
<html>
<head lang="en">
    <meta charset="UTF-8">
        <title>行属性</title>
    </head>
    <body>
```

```
        <table    width="600px"    height="300px"    border="1"    cellspacing="0"
cellpadding="20" align="center" bgcolor="#87cefa" background="images/3.jpg">
            <tr>
                <th>学生姓名</th>
                <th>大赛类别</th>
                <th>获奖等级</th>
            </tr>
            <tr height="100px" align="center" valign="center" bgcolor="#ff7f50">
                <td>许小柔</td>
                <td>Web 应用软件开发</td>
                <td>一等奖</td>
            </tr>
            <tr>
                <td>张雅芳</td>
                <td>移动应用开发</td>
                <td>二等奖</td>
            </tr>
            <tr>
                <td>梁广龙</td>
                <td>云计算技术</td>
                <td>三等奖</td>
            </tr>
        </table>
    </body>
</html>
```

运行效果如图 6-4 所示。

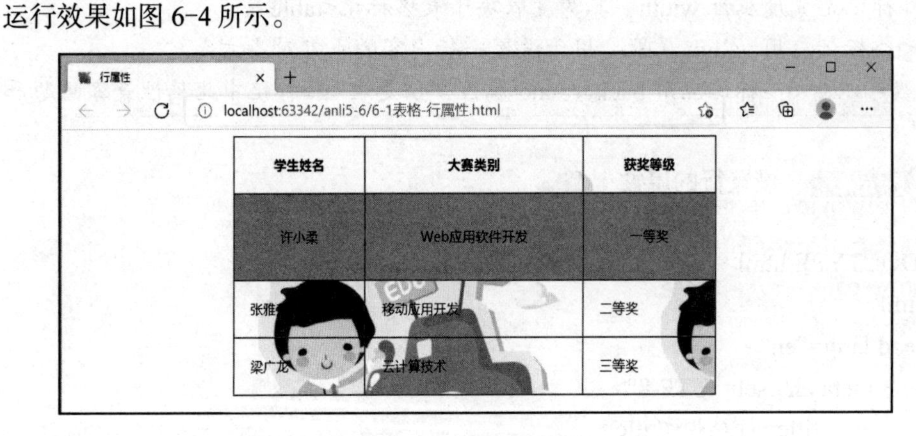

图 6-4　设置行属性

在例 6-3 中，设置了第二行的相关属性<tr height="100px" align="center"

valign="center" bgcolor="#ff7f50">。大家也可以尝试 background 属性，用图片作为行背景。效果如图 6-5 所示。

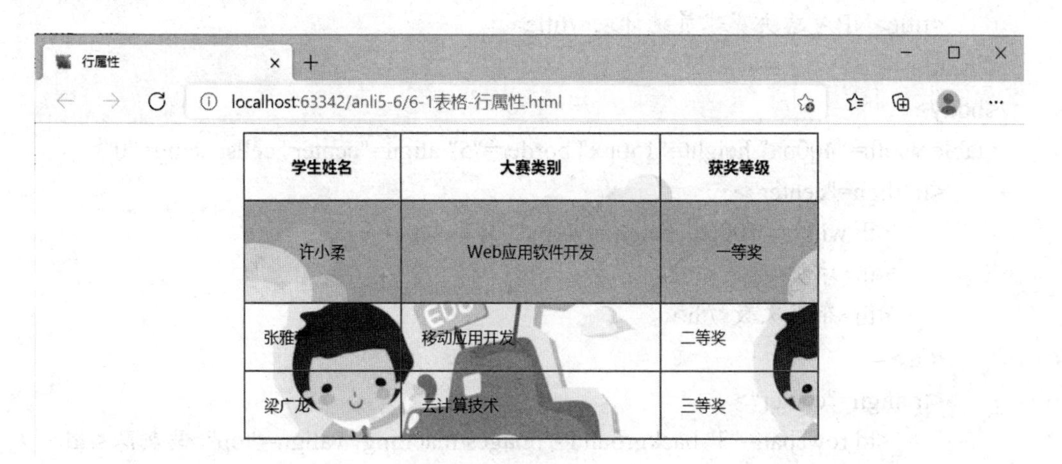

图 6-5 图片作为行背景

3. <td>标记的属性

单元格的常用属性如表 6-4 所示。

表 6-4 单元格的常用属性

属性名	描 述	常用属性值
width	设置单元格的宽度	像素值
height	设置单元格的高度	像素值
align	设置单元格内容的水平对齐方式	left、center、right
valign	设置单元格内容的垂直对齐方式	top、middle、bottom
bgcolor	设置单元格的背景颜色	预定义的颜色值、十六进制#RGB、rgb(r,g,b)
background	设置单元格的背景图像	url 地址
colspan	设置单元格横跨的列数（用于合并水平方向的单元格）	正整数
rowspan	设置单元格竖跨的行数（用于合并竖直方向的单元格）	正整数

（1）colspan。在设计表格时，有时需要将水平方向两个或多个相邻单元格合成一个单元格。语法为：

```
<td colspan="跨度的列数">
```

（2）rowspan。单元格除了可以在水平方向上跨列，还可以在垂直方向上跨行，即垂直方向两个或多个相邻单元格合成一个单元格，语法为：

```
<td rowspan="跨度的行数">
```

例 6-4 设置单元格的属性

```
<!DOCTYPE html>
<html>
```

```
<head lang="en">
      <meta charset="UTF-8">
      <title>NBA 总决赛球员统计表</title>
</head>
<body>
<table width="400px" height="150px" border="5" align="center" cellspacing="0">
      <tr align="center">
            <th width="100px" height="40px">球队</th>
            <th>球员</th>
            <th>夺冠次数</th>
      </tr>
      <tr align="center">
            <td rowspan="3" background="images/maci.jpg" valign="top">马刺队</td>
            <td bgcolor="#c0c0c0">邓肯</td>
            <td rowspan="3" bgcolor="#c0c0c0">5 次</td>
      </tr>
      <tr align="center">
            <td bgcolor="#c0c0c0">帕克</td>
      </tr>
      <tr align="center">
            <td bgcolor="#c0c0c0">吉诺比利</td>
      </tr>
      <tr align="center">
            <td rowspan="3" background="images/rehuo.jpg" valign="top">热火队</td>
            <td bgcolor="#cd3700">詹姆斯</td>
            <td rowspan="3" bgcolor="#cd3700">3 次</td>
      </tr>
      <tr align="center">
            <td bgcolor="#cd3700">韦德</td>
      </tr>
      <tr align="center">
            <td bgcolor="#cd3700">波什</td>
      </tr>
      <tr align="center">
            <td colspan="3">比赛解说：黄健翔、姚明</td>
      </tr>
</table>
</body>
```

</html>

运行效果如图 6-6 所示。

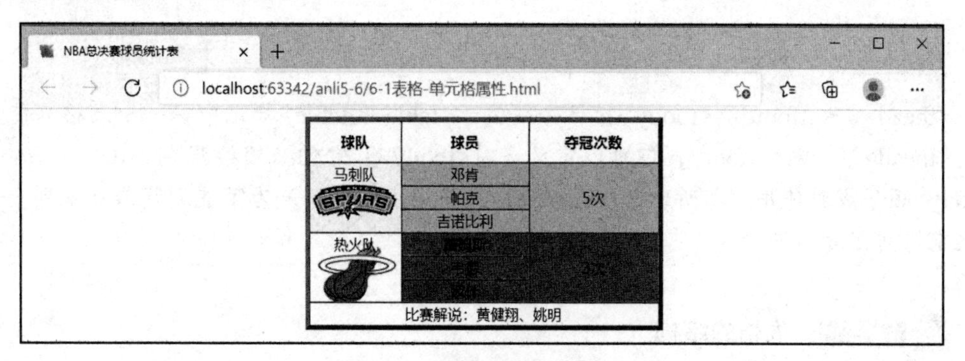

图 6-6　设置单元格属性

在例 6-4 中，设置了单元格的相关属性。

三、表格的结构

网页中的表格可以为其设置标题，为了使搜索引擎更好地理解网页内容，在使用表格布局时，可以将网页划分为头部、主体和页脚，用于定义表格中不同内容，html 提供了划分表格结构的标记。

1．表格标题

表格标题一般放在表格的外部上面，是对表格内容的简单说明。用<caption>标记实现。创建表格标题的基本语法格式如下：

```
<caption>表格标题</caption>
```

注意

<caption>标记必须紧跟在<table>标记后面。

2．表格头部

表格头部一般包含网页的 logo 和导航等头部信息。用<thead>标记实现。创建表格头部的基本语法格式如下：

```
<thead>……</ thead>
```

3．表格页脚

表格页脚一般包含网页底部版权信息。用<tfoot>标记实现。创建表格头部的基本语法格式如下：

```
< tfoot >……</ tfoot >
```

4．表格的主体

表格主体一般包含网页中除头部和底部之外的其他内容。用<tbody>标记实现。创建表格头部的基本语法格式如下：

```
<tbody>……</tbody>
```

注意

<thead>、< tfoot>、<tbody>标记必须位于<table></table>标记中。一个表格只能定义一对<thead>、一对< tfoot>，但可以定义多对<tbody>。它们必须按照<thead>、< tfoot>、<tbody>顺序成对使用。之所以将< tfoot>放在<tbody>之前，是为了使浏览器在收到全部数据之前即可显示页脚。

例 6-5 表格的结构

```
<!DOCTYPE html>
<html>
<head lang="en">
    <meta charset="UTF-8">
    <title>表格结构</title>
</head>
<body>
<table width="500px" border="1" cellspacing="0" align="center">
    <caption>表格名称</caption>
    <thead>
    <tr height="60px">
        <td colspan="3" align="center">网站 logo</td>
    </tr>
    <tr>
        <th><a href="#">首页</a></th>
        <th><a href="#">日志</a></th>
        <th><a href="#">相册</a></th>
    </tr>
    </thead>
    <tfoot>
    <tr>
        <td colspan="3" align="center">版权信息</td>
    </tr>
    </tfoot>
    <tbody>
    <tr height="150px" align="center">
```

```
        <td  colspan="3">主体部分</td>
    </tr>
    </tbody>
</table>
</body>
</html>
```

运行效果如图 6-7 所示。

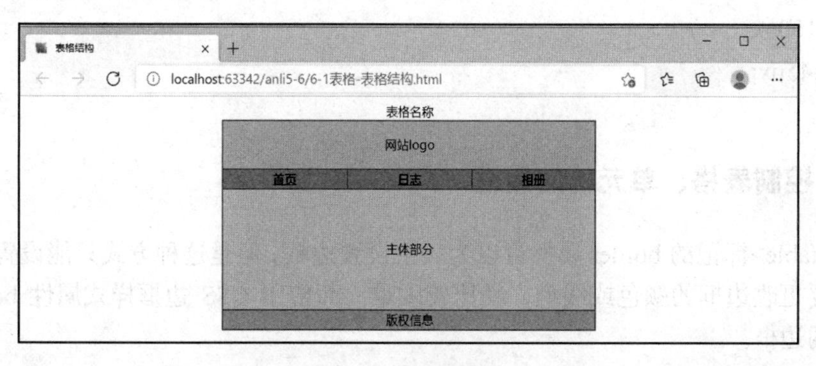

图 6-7　表格结构

任务 2　CSS 控制表格样式

表格是网页展示信息的一种手段。表格不仅能展示内容，还要美观。除了用表格标记自带的属性外，还可以使用 CSS 控制表格的样式，美化表格的边框、背景、宽、高、对齐方式等。常用的 CSS 控制表格样式的属性如表 6-5 所示。

表 6-5　表格常用的 CSS 属性

属性名	描　述	常用属性值
width	设置表格、单元格的宽度	像素值
height	设置表格、行、单元格的高度	像素值
border	设置表格、单元格的边框	宽度、线型、颜色
border-collapse	设置是否把表格边框合并为单一的边框	collapse/separate
margin	设置表格的外边距	像素值
padding	设置单元格内容与边框之间的距离	像素值
text-align	设置表格内容对齐方式	left、center、right
background-color	设置表格的背景色	预定义的颜色值、十六进制 #RGB、rgb(r,g,b)
background	设置表格的背景图像	url 地址

一、CSS 控制表格、单元格的宽、高

表格有默认的宽和高，是包裹内容的，也可以用 width 和 height 设置表格的宽和高。

对同一行中的单元格定义不同的高度，或对同一列中的单元格定义不同的宽度时，最终的宽度或高度将取其中的较大者。

```
table{
        width: 600px;
        height: 360px;
        }
td{
width:100px;
height:45px;
}
```

二、CSS 控制表格、单元格的边框

使用<table>标记的 border 属性可以为表格设置边框，但是这种方式只能设置边框的宽度。如果要更改边框的颜色或线型，就比较困难。而使用 CSS 边框样式属性 border 可以设置漂亮的边框。

```
table{
        border: 5px double #ff1610;
    }
td{
border: 2px solid #ffef1b;
}
```

单元格的边框之间默认有距离，可以用 CSS 的 border-collapse 属性为 collapse 合并为单线边框效果，也可以设置属性为 separate 分离效果，默认为分离效果。

```
table{
        border-collapse:collapse;
    }
```

注意

当表格的 border-collapse 属性设为 collapse 时，则 HTML 中设置的 cellpadding 属性值无效。

行标记<tr>无 border 样式属性。

三、CSS 控制单元格边距

设置单元格内容与边框之间的距离，<table>标记应用 HTML 属性 cellpadding。可以对<td>标记应用 CSS 内边距样式属性设置单元格内容与边框之间的距离。<table>标记设置单元格与单元格边框之间的距离只能用 HTML 的 cellspacing 属性，margin 设置的是表格的外边距。

```
td{
padding:20px;
}
```

注意

行标记<tr>无内边距 padding 和外边距 margin 属性。

例 6-6 CSS 控制表格样式

```
<!DOCTYPE html>
<html>
<head lang="en">
    <meta charset="UTF-8">
    <title>CSS 控制表格样式</title>
    <style type="text/css">
        table{
            width: 600px;
            height: 360px;
            border: 5px double #ff1610;
            margin: 0 auto;
            border-collapse:collapse;
            text-align:center;
            background: url("images/kebiao.png") no-repeat;
            background-size: 600px 384px;
            color: #8b0000;
        }
        caption{
            font-size: 36px;
            font-family: "隶书";
        }
        td{
            border: 2px solid #ffef1b;
            width: 100px;
            height:45px;
        }
    </style>
</head>
<body>
```

```
<table>
    <caption>课程表</caption>
    <tr>
        <td colspan="2">时间</td>
        <td>星期一</td>
        <td>星期二</td>
        <td>星期三</td>
        <td>星期四</td>
        <td>星期五</td>
    </tr>
    <tr>
        <td colspan="2">早晨</td>
        <td colspan="5">起床、吃饭</td>
    </tr>
    <tr>
        <td rowspan="2">上午</td>
        <td>第 1、2 节</td>
        <td>网页设计</td>
        <td>SQL 数据库</td>
        <td>Winform</td>
        <td>C#</td>
        <td>Android 应用开发</td>
    </tr>
    <tr>
        <td>第 3、4 节</td>
        <td>JavaScript</td>
        <td>Android 应用开发</td>
        <td>网页设计</td>
        <td>计算机网络</td>
        <td>Winform</td>
    </tr>
    <tr>
        <td colspan="2">中午</td>
        <td colspan="5">吃饭、午休</td>
    </tr>
    <tr>
        <td rowspan="2">下午</td>
        <td>第 5、6 节</td>
```

```
                <td>JavaScript</td>
                <td>体育</td>
                <td>毛概</td>
                <td>软件测试</td>
                <td>C#</td>
            </tr>
            <tr>
                <td>第 7、8 节</td>
                <td>计算机网络</td>
                <td>软件测试</td>
                <td></td>
                <td>体育</td>
                <td></td>
            </tr>
            <tr>
                <td colspan="2">晚上</td>
                <td colspan="5">晚自习</td>
            </tr>
        </table>
</body>
</html>
```

运行效果如图 6-8 所示。

课程表

时间		星期一	星期二	星期三	星期四	星期五
早晨		起床、吃饭				
上午	第1、2节	网页设计	SQL数据库	Winform	C#	Android应用开发
	第3、4节	JavaScript	Android应用开发	网页设计	计算机网络	Winform
中午		吃饭、午休				
下午	第5、6节	JavaScript	体育	毛概	软件测试	C#
	第7、8节	计算机网络	软件测试		体育	
晚上		晚自习				

图 6-8 CSS 控制表格样式

任务 3　表单及表单控件

表单是网页提供的一种交互式操作手段。表单主要用于采集用户输入的信息。无论是搜索信息还是网上注册，都需要使用表单提交数据。用户提交数据后，由服务器端程序对用户提交的数据进行处理。表单作为载体传递给服务器，可以说表单是用户和浏览器交互的重要媒介。

一、认识表单

在 HTML 中，只要在需要使用表单的地方插入表单标记<form></form>，就可以创建一个表单，也叫表单域，其语法格式如下：

```
<form action="url 地址" method="提交方式" name="表单名称">
    各种表单控件
</form>
```

要想让表单中的数据传送给后台服务器，就必须定义表单域。在 HTML 中，<form></form>标记被用于定义表单域。

表单标记常用的属性如表 6-6 所示。

表 6-6　表单常用的属性

属性名	描　述	属性值
action	可以定义一个链接，提交数据后的处理页面	url 用来指定处理提交表单的页面
method	提交数据的方式	post/get
name	表单名称	最好起英文名

action 属性：用来指定接收表单内容的处理程序的 url，在用户提交表单后，由指定的服务器端程序处理数据。例如：<form action="demo-form.asp">表示当提交表单时，表单数据会传送到名为“demo-form.asp”的页面去处理。

method 属性：用于设置表单数据的提交方式，其取值为 get 或 post。

在 HTML 中，可以通过<form>标记的 method 属性指明表单处理服务器数据的方法，例如：<form action="demo-form.asp" method="post">采用 post 方法提交数据，浏览器将会按照两个步骤发送数据。首先，浏览器将与 action 属性中指定的表单处理服务器建立联系，然后，浏览器按分段传输的方法将数据发送给服务器。post 方式的保密性好，并且无数据量的限制，因此使用 method="post"可以大量地提交数据。

method 默认的属性为 get，采用 get 方法，浏览器会与表单处理服务器建立链接，然后直接在一个传输步骤中发送所有的表单数据。get 方式提交的数据将显示在地址栏中，保密性差，且提交的数据量有限制。

name 属性：用来指定表单的名称，主要是方便程序区分每一个表单，防止表单提交到服务端程序时出现混乱。

例 6-7　创建表单

```
<!DOCTYPE html>
<html>
<head lang="en">
    <meta charset="UTF-8">
    <title>创建表单</title>
</head>
<body>
<form action="demo-form.asp" method="get" name="denglu">
    账号: <input type="text"><br>
    密码: <input type="password"><br><br>
    <input type="button" value="登录">
</form>
</body>
</html>
```

运行效果如图 6-9 所示。

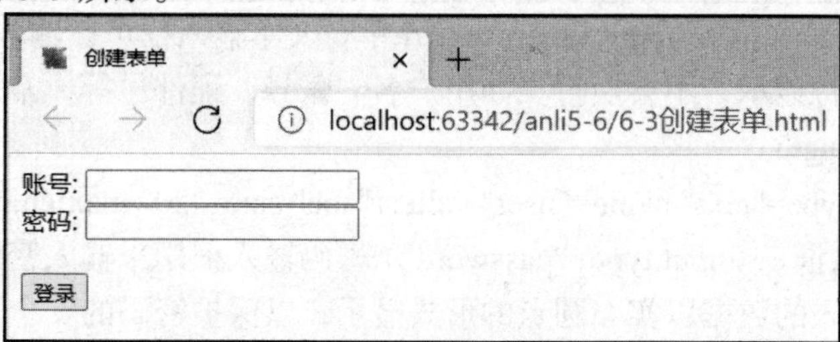

图 6-9　创建表单

<form>标记的属性并不会直接影响表单的显示效果。要想让一个表单有意义，就必须在<form>与</form>之间添加相应表单控件。

二、表单控件

表单控件为表单的核心内容，不同的表单控件具有不同的功能，如密码输入框、文本域、下拉列表、复选框等，只有掌握了这些表单控件的使用方法才能把输入的信息发送到服务器请求响应，然后服务器将结果返回给用户。

1．input 控件

input 控件用于在表单中输入数据，通常包含在<form>与</form>标记中，其语法格式如下：

```
<input type="控件类型" name="控件名称"/>
```

其中，type 属性设置控件的类型，可以是文本框、密码框、单选按钮、复选框、按钮等。<input>控件的常用属性如表 6-7 所示。

表 6-7　<input>控件常用的属性

属性名	属性值	描　述
type	text	单行文本输入框
	password	密码输入框
	radio	单选按钮
	checkbox	复选框
	button	普通按钮
	submit	提交按钮
	reset	重置按钮
	image	图像形式提交按钮
	file	文件域
	hidden	隐藏域
name	由用户自定义	控件的名称
value	由用户自定义	input 控件中的默认文本值
size	正整数	input 控件在页面中的显示宽度
readonly	readonly	该控件内容为只读（不能编辑修改）
disabled	disabled	第一次加载页面时禁用该控件（显示为灰色）
checked	checked	定义选择控件默认被选中的项
maxlength	正整数	控件允许输入的最多字符数

（1）单行文本输入框。<input type="text"/>单行文本输入框可以输入任何类型的数据，但输入的数据以单行显示，不会换行。如用户名、账号、证件号等，常用的属性有 name、value、size、maxlength。

例如：<input type="text" name="user" value="abc" size="20" maxlength="15"/>

（2）密码输入框。<input type="password"/>密码输入框用来输入密码，可以输入任何类型的数据，但输入的数据以实心圆点的形式显示，以保护密码的安全。常用的属性与单行文本框相同。

例如：<input type=" password " name="pwd" size="20" maxlength="16"/>

（3）单选按钮。<input type="radio"/>单选按钮用来选择互相排斥的选项，这些选项必须为一组，选择其中一个按钮时，会取消对该组中其他所有按钮的选择。同一组的按钮指定相同的 name 属性值，这样单选才会生效。可以设置单选按钮的 checked 属性，指定默认选中项。

例如：<input type=" radio " name="sex" checked=" checked "/>男
<input type=" radio " name="sex" />女

在选择性别时，希望点击提示文字“男”或“女”也可以选中相应的按钮。可以使用<label>标记包含单选按钮的提示信息，并将 for 属性的值设置为单选按钮的 id 名称，这样<label>标记标注的内容就绑定到指定的 id 的单选控件上，当单击时处于选中状态。

例如：

```
<input type="radio" name="sex" id="man">
    <label for="man">男</label>
<input type="radio" name="sex" id="woman">
```

<label for="woman">女</label>

（4）复选框。<input type="checkbox"/>复选框用来选择任意多个选项，通过复选框，用户可以在网页中实现多项选择。

例如：<input type=" checkbox " />旅游

<input type=" checkbox " />阅读

<input type=" checkbox " />篮球

（5）普通按钮。<input type="button"/>普通按钮，使用 value 属性设置按钮上显示的文字，button 按钮一般由 onclick 事件响应。

例如：<input type="button" value="登录" onclick="事件处理程序"/>

（6）提交按钮。<input type="submit"/>提交按钮，当用户点击此按钮时，表单中所有控件的“名称/值”被提交，提交到<form>标记的 action 属性所定义的 URL 地址。

例如：<input type=" submit "/>

（7）重置按钮。<input type="reset"/>重置按钮，当用户输入的信息有误时，可点击重置按钮取消已输入的所有表单信息，可以通过 value 属性，改变重置按钮上的默认文本。

例如：<input type=" reset "/>

（8）图像形式提交按钮。<input type="image"/>图像形式提交按钮与普通提交按钮在功能上基本相同，只是它用图像替代了默认的按钮，外观更加美观。必须设置 src 属性为图像的 url 地址。

例如：<input type=" image " src=" url "/>

（9）文件域。<input type="file"/>文件域在上传文件和图像时常常用到，用户可以通过“选择文件…”按钮选择本地文件，将文件提交给服务器程序。

例如：<input type="file"/>

（10）隐藏域。<input type=" hidden "/>隐藏域包含一些要提交服务器的数据，但这些数据对于用户来说是不可见的，不显示在浏览器中。隐藏域不需要任何服务器资源，任何客户端都支持隐藏域。实现简单隐藏域属于 HTML 标记，不像服务器空间那样需要编程知识。缺点是如果存储了较多较大的值，则会导致性能问题，具有较高的安全隐患，初学者了解即可。

例如：<input type=" hidden "/>

例 6-8　input 控件

```
<!DOCTYPE html>
<html>
<head lang="en">
    <meta charset="UTF-8">
    <title>input 控件</title>
</head>
<body>
```

```
<h1>用户注册</h1>
<form action="#" method="post" name="regist">
    用户名：<input type="text" size="8" id="user"><br>
    密  码：<input type="password" size="8" maxlength="8" id="pass"><br>
    性别：<input type="radio" name="sex" id="man">
    <label for="man">男</label>
    <input type="radio" name="sex" id="woman">
    <label for="woman">女</label><br>
    兴趣爱好：<input type="checkbox" id="ly">
        <label for="ly">旅游</label>
    <input type="checkbox" id="yd">
        <label for="yd">阅读</label>
    <input type="checkbox" id="lq">
        <label for="lq">篮球</label>
    <input type="checkbox" id="ms">
        <label for="ms">美食</label>
    <input type="checkbox" id="sj">
        <label for="sj">睡觉</label>
    <input type="checkbox" id="yx">
        <label for="yx">游戏</label><br>
    上传照片：<input type="file"><br>
    <input type="button" value="注册">
    <input type="submit">
    <input type="reset">
    <input type="image" src="images/qh.jpg" width="60px" height="25px">
</form>
</body>
</html>
```

运行效果如图 6-10 所示。

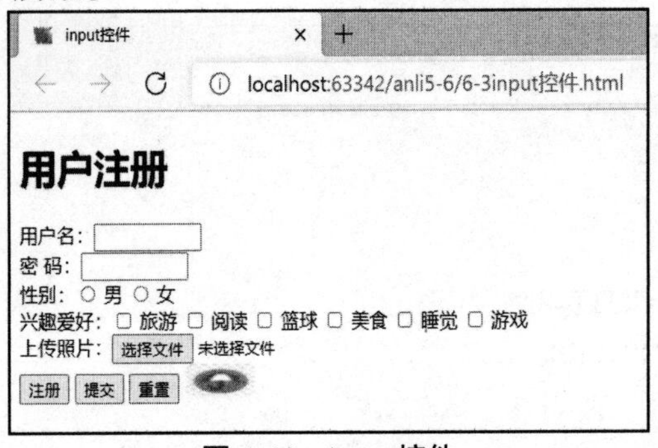

图 6-10　input 控件

2．textarea 控件

当 input 控件的 type 属性值为 text 时，只能创建一个单行文本输入框。当网页中需要一个多行的文本域时，就需要用 textarea 控件来输入更多的文字信息，并将这些信息作为表单元素的值提交到服务器。其语法格式如下：

```
格式：<textarea cols="每行中的字符数" rows="显示的行数">
                文本内容
</textarea>
```

注意

在表单中，<input/>控件是单标记标记，<textarea></textarea>是双标记标记，成对使用，插入多行文本框。

例 6-9　textarea 控件

```
<!DOCTYPE html>
<html>
<head lang="en">
    <meta charset="UTF-8">
    <title>textarea 控件</title>
</head>
<body>
    <form action="#" method="post">
        留言：<br/>
        <textarea cols="60" rows="8"></textarea><br/>
        <input type="submit">
    </form>
</body>
</html>
```

运行效果如图 6-11 所示。

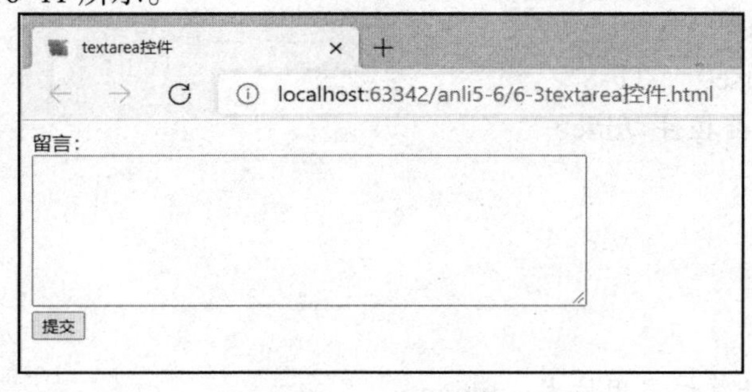

图 6-11　input 控件

各浏览器对 cols 和 rows 属性的理解不同，当对 textarea 控件应用 cols 和 rows 属性时，多行文本输入框在各浏览器中的显示效果可能会有差异。因此在实际工作中，更常用的方法是使用 CSS 的 width 和 height 属性来定义多行文本输入框的宽高。

3．select 控件

在 HTML 表单中，经常会看到包含多个选项的下拉菜单，单击下拉按钮打开菜单后，会出现一个下拉列表，显示全部选项，可以选择一项或者多项。使用 select 控件可以定义下拉菜单，其语法格式如下：

```
<select>
    <option>选项 1</option>
    <option>选项 2</option>
    <option>选项 3</option>
        ...
</select>
```

其中，<select></select>标记用于定义下拉菜单，<option> </option>标记嵌套在<select></select>标记中，用于向下拉菜单中添加选项，每对<select></select>标记中至少应包含一对<option></option>。

在 HTML5 中可以设置<select>和<option>标记属性，改变下拉菜单的外观和显示效果。常用属性如表 6-8 所示。

表 6-8 <select>和<option>标记常用的属性

标记名	属性名属性值	描 述
<select>	size	设置下拉菜单的可见行数（取值为正整数，默认为 1）
	multiple	当 multiple="multiple"时，下拉菜单可以选择多项，按住 Shift 键的同时选择相邻的项。按住 Ctrl 键的同时选择不相邻的项。
<option>	selected	当 selected="selected"时，该选项默认被选中

例 6-10 select 控件

```
<!DOCTYPE html>
<html>
<head lang="en">
    <meta charset="UTF-8">
    <title>select 控件</title>
</head>
<body>
专业：
<select>
    <option>计算机应用技术</option>
```

```
        <option>计算机信息管理</option>
        <option>软件技术</option>
    </select>
        
    学历：
    <select size="4">
        <option>高中</option>
        <option>大专</option>
        <option>本科</option>
        <option>研究生</option>
    </select>
        
    爱好：
    <select size="5"    multiple="multiple">
        <option>旅游</option>
        <option selected="selected">阅读</option>
        <option>篮球</option>
        <option selected="selected">美食</option>
        <option>睡觉</option>
        <option>游戏</option>
    </select>
    </body>
    </html>
```

运行效果如图 6-12 所示。

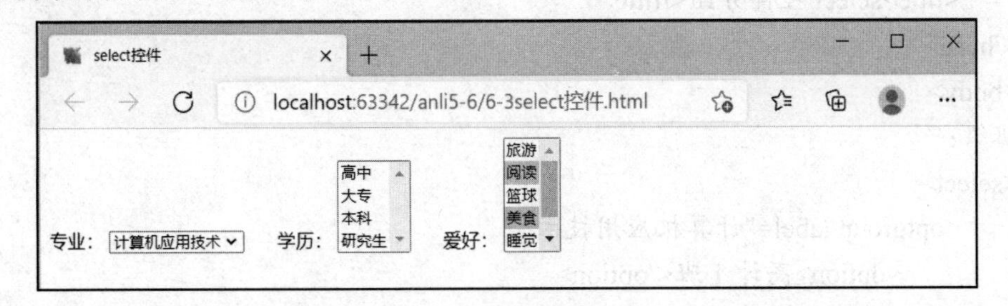

图 6-12　select 控件

例 6-10 创建了不同下拉菜单的效果，第一个是默认的，只能看见一行。第二个设置<select>标记的 size="4"，能看见四个选项。第三个能看见五个选项，设置<select>标记的 multiple="multiple"可以多选，设置<option>标记的 selected="selected"，该项默认被选中。

有时候需要对选项分组，这样当选项很多时，要想找到相应的选项会更加容易。可以使用<optgroup>标记，其语法格式如下：

```
<select>
    <optgroup label="组名 1">
        <option>选项 1</option>
        <option>选项 2</option>
        <option>选项 3</option>
                ...
    </optgroup>
    <optgroup label="组名 2">
        <option>选项 1</option>
        <option>选项 2</option>
        <option>选项 3</option>
            ...
    </optgroup>
...
</select>
```

<optgroup>标记嵌套在<select>里，可以有多个组，每个组有若干个选项。<optgroup>标记必须有 label 属性设置组名。

例 6-11　select 控件分组

```
<!DOCTYPE html>
<html>
<head lang="en">
    <meta charset="UTF-8">
    <title>select 控件分组</title>
</head>
<body>
班级：
<select>
    <optgroup label="计算机应用技术">
        <option>高计 1 班</option>
        <option>高计 2 班</option>
        <option>高计 3 班</option>
        <option>高计 4 班</option>
        <option>高计 5 班</option>
    </optgroup>
    <optgroup label="计算机信息管理">
        <option>高信 1 班</option>
```

```
        <option>高信 2 班</option>
        <option>高信 3 班</option>
    </optgroup>
    <optgroup label="软件技术">
        <option>软件 1 班</option>
        <option>软件 2 班</option>
        <option>软件 3 班</option>
        <option>软件 4 班</option>
    </optgroup>
</select>
</body>
</html>
```

运行效果如图 6-13 所示。

图 6-13　select 控件分组

任务 4　CSS 控制表单样式

在网页设计时，表单既要有相应的功能，也要具有美观的样式。使用 CSS 可以轻松地控制表单控件的样式，主要体现在控制表单控件的字体、边框、背景和内边距等。

例 6-12　CSS 控制表单样式

HTML 结构代码：

```
<!DOCTYPE html>
<html>
<head lang="en">
    <meta charset="UTF-8">
```

```
        <title>CSS 控制表单样式</title>
    </head>
    <body>
    <div>
        <form   action="#" method="post">
            <h2>电子信息学院学生档案</h2>
            <p>姓名：<input type="text" value="本人真实姓名"></p>
            <p>年龄：<input type="text" value="请填写实际年龄" ></p>
            <p>
                性别：
                <label   for="nan"><input   type="radio"   name="sex"   checked="checked"
id="nan">男</label>
                <label for="nv"><input type="radio" name="sex" id="nv">女</label>
            </p>
            <p>
                类别：
                <label   for="dan"><input   type="radio"   name="lei"   checked="checked"
id="dan">单招</label>
                <label for="tong"><input type="radio" name="lei" id="tong">统招</label>
            </p>
            <p>
                专业：
                <select>
                    <option>计算机应用技术</option>
                    <option>计算机信息管理</option>
                    <option>软件技术</option>
                </select>
            </p>
            <p>
                班级：
                <select>
                    <optgroup label="计算机应用技术">
                        <option>高计 1 班</option>
                        <option>高计 2 班</option>
                        <option>高计 3 班</option>
                        <option>高计 4 班</option>
                        <option>高计 5 班</option>
                    </optgroup>
                    <optgroup label="计算机信息管理">
```

```
                        <option>高信 1 班</option>
                        <option>高信 2 班</option>
                        <option>高信 3 班</option>
                    </optgroup>
                    <optgroup label="软件技术">
                        <option>软件 1 班</option>
                        <option>软件 2 班</option>
                        <option>软件 3 班</option>
                        <option>软件 4 班</option>
                    </optgroup>
                </select>
            </p>
            <p>
                简介：
               <textarea cols="30" rows="3"></textarea>
            </p>
            <p>
                <input   class="btn" type="submit" value="提交">
            </p>
        </form>
</div>
</body>
</html>
```

为了使表单界面更加美观，应用 CSS 样式代码后如下：

```
<!DOCTYPE html>
<html>
<head lang="en">
    <meta charset="UTF-8">
    <title>CSS 控制表单样式</title>
    <style type="text/css">
        .all
        {
            width: 1024px;
            height: 863px;
            margin: 0 auto;
            background: url("images/bg.png");
        }
        .list{
            width: 685px;
```

```
            padding:170px 0 0 400px ;
        }
        p{
            font-size: 12px;
            color: aliceblue;
            font-family: 微软雅黑;
            padding-top: 20px;
        }
        h2{
            font-size: 28px;
            color: #26211e;

        }
        .btn
        {
            width: 200px;
            height: 30px;
            background-color: #26211e;
            color: #fff;
            font-weight: bold;
            margin-left: 40px;
        }
    </style>
</head>
<body>
<div class="all">
    <form   class="list" action="#" method="post">
        <h2>电子信息学院学生档案</h2>
        <p>姓名：<input type="text" value="本人真实姓名"></p>
        <p>年龄：<input type="text" value="请填写实际年龄" ></p>
        <p>
            性别：
            <label   for="nan"><input   type="radio"   name="sex"   checked="checked"
id="nan">男</label>
            <label for="nv"><input type="radio" name="sex" id="nv">女</label>
        </p>
        <p>
            类别：
            <label   for="dan"><input   type="radio"   name="lei"   checked="checked"
```

```
id="dan">单招</label>
                <label for="tong"><input type="radio" name="lei" id="tong">统招</label>
        </p>
        <p>
            专业：
            <select>
                <option>计算机应用技术</option>
                <option>计算机信息管理</option>
                <option>软件技术</option>
            </select>
        </p>
        <p>
            班级：
            <select>
                <optgroup label="计算机应用技术">
                    <option>高计 1 班</option>
                    <option>高计 2 班</option>
                    <option>高计 3 班</option>
                    <option>高计 4 班</option>
                    <option>高计 5 班</option>
                </optgroup>
                <optgroup label="计算机信息管理">
                    <option>高信 1 班</option>
                    <option>高信 2 班</option>
                    <option>高信 3 班</option>
                </optgroup>
                <optgroup label="软件技术">
                    <option>软件 1 班</option>
                    <option>软件 2 班</option>
                    <option>软件 3 班</option>
                    <option>软件 4 班</option>
                </optgroup>
            </select>
        </p>
        <p>
            简介：
          <textarea cols="30" rows="3"></textarea>
        </p>
        <p>
```

```
            <input    class="btn" type="submit" value="提交">
        </p>
    </form>
</div>
</body>
</html>
```

运行效果如图 6-14 所示。

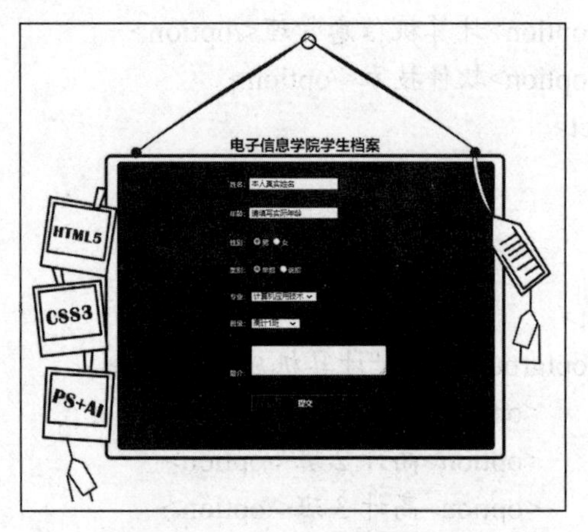

图 6-14　CSS 控制表单样式

项目案例

制作“天天生鲜”会员注册页面

学习完基础知识，现利用表格、表单知识，开始做一个“天天生鲜”会员注册页面吧，其运行效果如图 6-15 所示。

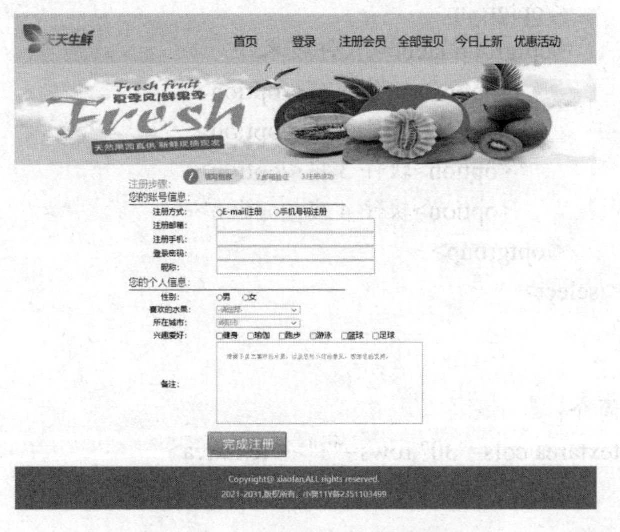

图 6-15　“天天生鲜”页面效果

一、结构分析

“天天生鲜”网站首页可以分为四个模块：头部 header、广告横幅 banner、内容 content 和页脚 footer，如图 6-16 所示。

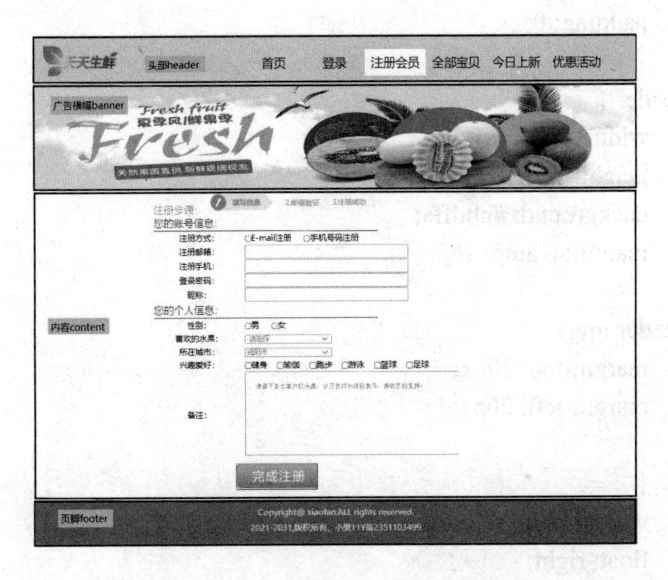

图 6- 16　“天天生鲜”页面结构分析

二、样式分析

页面效果图的样式主要分为四部分，具体分析如下：

1.头部 header

（1）header 是一个 div，需要对其设置宽度、高度和背景色，并且水平居中；

（2）设置网页标题图片的位置；

（3）设置列表的位置，列表项及连接的样式。

2.广告横幅 banner

banner 是一个 div，设置宽度、高度、水平居中，背景图片。

3.内容 content

（1）content 是一个大 div，需要对其设置宽度、高度，水平居中；

（2）设置 h2 的样式；

（3）设置表单样式，表单中两个表格样式。

4.页脚 footer

（1）页脚宽度设置满屏，设置高度；

（2）设置文本水平居中及其样式。

三、完整代码：

```
<!DOCTYPE html>
<html>
<head lang="en">
    <meta charset="UTF-8">
    <title>注册会员</title>
```

```
<style>
    * {
        margin: 0;
        padding: 0;
    }
    #header {
        width: 1200px;
        height: 100px;
        background: #bbdffa;
        margin: 0 auto;
    }
    #header img{
        margin-top: 20px;
        margin-left: 20px;
    }
    .nav {
        width: 720px;
        float: right;
        margin-top: 20px;
        margin-right: 60px;
    }
    li {
        float: left;
        height: 50px;
        line-height: 50px;
        list-style: none;
    }
    a:hover {
        background: white;
    }
    li a {
        display: inline-block;
        height: 50px;
        width: 120px;
        font-size: 24px;
        text-align: center;
        line-height: 50px;
        margin-top: 10px;
        text-decoration: none;
    }
    #banner {
```

```
        width: 1200px;
        height: 200px;
        background: url("images/tt.png") no-repeat;
        margin: 0 auto;
    }
    #content {
        width: 1200px;
        height: 600px;
        background: white;
        margin: 0 auto;
    }
    #small {
        margin-left: 20%;
    }
   .step {
        width: 450px;
        height: 50px;
        font-size: 20px;
        font-weight: 100;
        color: cornflowerblue;
        line-height: 80px;
        background: url("images/step.jpg") center right no-repeat;
    }
    h3 {
        width: 444px;
        height: 30px;
        font-size: 20px;
        font-weight: 100;
        color: black;
        line-height: 30px;
        border-bottom: 1px solid blue;
    }
    td {
        height: 25px;
        color: black;
    }
    .left {
        width: 180px;
        text-align: center;
    }
    .right {
```

```
            width: 320px;
            height: 24px;
            border: 1px solid #dd8787;
        }
        input {
            vertical-align: middle;
        }
        select {
            width: 171px;
            border: 1px solid #dd8787;
            color: #dd8787;
        }
        textarea {
            width: 380px;
            border: 1px solid #dd8787;
            resize: none;
            font-size: 12px;
            color: #aaa;
            padding: 20px;
        }
        .btn {
            width: 160px;
            height: 50px;
            background: url("images/btn.jpg") no-repeat;
            margin-left: 27%;
            margin-top: 10px;
        }
        #footer {
            height: 80px;
            width: 100%;
            background: #388fff;
            line-height: 30px;
            text-align: center;
            padding-top: 10px;
        }
        p {
            color: antiquewhite;
        }
    </style>
</head>
<body>
```

```
<div>
    <div id="header">
        <img src="images/logo.png">
        <ul class="nav">
            <li><a href="#">首页</a></li>
            <li><a href="#">登录</a></li>
            <li><a href="#">注册会员</a></li>
            <li><a href="#">全部宝贝</a></li>
            <li><a href="#">今日上新</a></li>
            <li><a href="#">优惠活动</a></li>
        </ul>
    </div>
    <div id="banner"></div>
    <div id="content">
        <div id="small">
            <h2 class="step">注册步骤：</h2>
            <form action="#" method="post" class="one">
                <h3>您的账号信息：</h3>
                <table class="content">
                    <tr>
                        <td class="left">注册方式：</td>
                        <td>
                            <label for="one"><input type="radio" name="sex"
id="one">E-mail 注册</label>    
                            <label for="two"><input type="radio" name="sex"
id="two">手机号码注册</label>
                        </td>
                    </tr>
                    <tr>
                        <td class="left">注册邮箱：</td>
                        <td><input type="text" class="right"></td>
                    </tr>
                    <tr>
                        <td class="left">注册手机：</td>
                        <td><input type="text" class="right"></td>
                    </tr>
                    <tr>
                        <td class="left">登录密码：</td>
                        <td><input type="password" maxlength="8"
class="right"></td>
                    </tr>
```

```
                    <tr>
                        <td class="left">昵称：</td>
                        <td><input type="text" class="right"></td>
                    </tr>
                </table>
                <h3>您的个人信息：</h3>
                <table class="content">
                    <tr>
                        <td class="left">性别：</td>
                        <td>
                            <label for="boy"><input type="radio" name="sex"
id="boy">男</label>    
                            <label for="girl"><input type="radio" name="sex"
id="girl">女</label>
                        </td>
                    </tr>
                    <tr>
                        <td class="left">喜欢的水果：</td>
                        <td>
                            <select>
                                <option>-请选择-</option>
                                <option>苹果</option>
                                <option>香蕉</option>
                                <option>橙子</option>
                                <option>榴莲</option>
                                <option>菠萝蜜</option>
                                <option>其他</option>
                            </select>
                        </td>
                    </tr>
                    <tr>
                        <td class="left">所在城市：</td>
                        <td>
                            <select>
                                <option>咸阳市</option>
                                <option>西安市</option>
                                <option>渭南市</option>
                                <option>北京市</option>
                            </select>
                        </td>
                    </tr>
```

```
                    <tr>
                        <td class="left">兴趣爱好：</td>
                        <td>
                            <input type="checkbox">健身   
                            <input type="checkbox">瑜伽   
                            <input type="checkbox">跑步   
                            <input type="checkbox">游泳   
                            <input type="checkbox">篮球   
                            <input type="checkbox">足球
                        </td>
                    </tr>
                    <tr>
                        <td class="left">备注：</td>
                        <td>
                            <textarea  cols="60"  rows="8">请留下自己喜欢的水
果，以及您对小店的意见，感谢您的支持。</textarea>
                        </td>
                    </tr>
                    <tr>
                        <td colspan="2"><input type="button" class="btn"></td>
                    </tr>
                </table>
            </form>
        </div>
    </div>
    <div id="footer">
        <p>Copyright@ xiaofan,ALL rights reserved.</p>
        <p>2021-2031,版权所有，小樊 11Y 备 2351103499</p>
    </div>
</div>
</body>
</html>
```

【习题】

一、选择题

1．以下选项中，(　　)全部都是表格标记。

A．<table>、<head>、<body>　　B．<table>、<tr>、<td>

C．<table>、<tr>、<tt>　　D．<head>、<tr>、<body>

2．可以使单元格中的内容右对齐的标记是(　　)。

A．<td align="right">　　B．<td valign="right">

C．<td right align>　　　　D．<td right>

3．要使表格的边框不显示，应设置 border 的值为（　）。

A．1　　　　B．0

C．2　　　　D．3

4．下列选项中，用来定义下拉列表的是（　）。

A．<input/>　　　　B．<textarea> </textarea>

C．<select></select>　　　　D．<form></form>

5．下列选项中，不属于表单标记的属性是（　）。

A．action　　　　B．method

C．name　　　　D．class

二、填空题

1．表格的宽度可以用百分比和__________两种单位来设置。

2．单元格垂直合并所用的属性是____________，单元格横向合并所用的属性是_________。

3．通过_________属性可以控制单元格内容与边框之间的距离。

4．<input>标记有多个属性，其中_________属性为其最基本的属性，用于指定不同的控件类型。

5．method 属性的取值可以是____________和____________之一，其默认方式是__________。

三、操作题

请用 H5 实现图 6-17 所示的内容，在浏览器中测试。

图 6-17　操作题图

项目七

HTML5 多媒体技术

学习目标

- 了解 HTML5 支持的视频和音频格式
- 掌握 HTML5 视频相关属性的应用
- 掌握 HTML5 音频相关属性的应用
- 掌握在 HTML5 页面中添加视频和音频的方法
- 应用 HTML5 音频和视频操作，并能够应用到网页制作中

思政映射

- 学习制作“我和我的祖国”网站首页，培养学生深厚的爱国情感和中华民族自豪感
- 遵法守纪、崇德向善、诚实守信、尊重生命、热爱劳动，履行道德准则和行为规范，具有社会责任感和社会参与意识
- 培养学生分析问题、解决问题及创造思维能力
- 培养学生对程序设计的兴趣，充分发挥学生的自主学习能力
- 培养学生与人交流、与人合作及信息处理的能力

任务 1　HTML5 媒体概述

一、HTML5 的音频和视频

在 HTML5 之前，通常需要插件的支持，浏览器才能播放音频和视频文件。HTML5 提供的媒体播放标准，无需插件支持就可播放，并且可以选择循环播放和是否播放等功能。

二、HTML5 媒体文件格式

HTML5 支持的音频/视频文件格式有 MP3、MPEG4、Webm、Ogg、WAV。

（1）MP3 是一种音频压缩技术，全称是动态影像专家压缩标准音频层面 3（Moving Picture Experts Group Audio Layer III），简称 MP3。压缩率高，可达到 10：1~12：1，适用于网络传播。

（2）MPEG4 公司是 Moving Pictures Experts Group（动态图像专家组）的简称，是国际标准化组织成立的专责制定有关运动图像压缩编码标准的工作组所制定的国际通用标准。

（3）WebM 由 Google 公司提出，是一个开放、免费的媒体文件格式。

（4）Ogg 全称是 OGG Vorbis，是一种音频压缩格式，类似于 MP3 等的音乐格式。它是完全免费、开放和没有专利限制的。Ogg 支持多声道。

（5）WAV 是最常见的声音文件格式之一，是微软公司专门为 Windows 开发的一种标准数字音频文件，该文件能记录各种单声道或立体声的声音信息，并能保证声音不失真，但占用的磁盘空间太大，每分钟的音乐大约需要 12MB 磁盘空间。

任务 2　插入视频

HTML5 提供了 video 标签用于定义视频文件，它支持 MPEG4、Ogg 和 Webm 格式。其基本语法格式是：

```
<video src="视频文件路径" controls></video>
```

视频属性如表 7-1 所示。

表 7-1　视频属性

属　性	值	描　述
autoplay	autoplay	视频加载完成后自动播放
controls	controls	显示播放、暂停和声音控件
loop	loop	视频结束时重新开始播放
preload	preload	视频预加载，并准备播放。不能与“auutoplay”同时使用
src	url	视频文件的 URL 地址
width	像素值	设置视频播放器的宽度
height	像素值	设置视频播放器的高度

下面通过例 7-1 来学习 video 的使用方法和显示效果。

例 7-1　video 视频

```
<!DOCTYPE html>
<html>
<head lang="en">
    <meta charset="UTF-8">
    <title>video 视频</title>
</head>
<body>
```

```
        <h2>在 HTML5 中插入音频文件</h2>
        <hr>
        <video src="我和我的祖国.mp4" controls loop autoplay muted></video>
    </body>
    </html>
```

在例 7-1 中，嵌入了视频文件，其中 controls 属性用于显示播放器的控件，loop 属性实现循环播放功能，autoplay 属性实现自动播放功能，但是 Chrome 浏览器取消了自动播放功能，要实现 Chrome 浏览器的自动播放功能，需要添加 muted 属性。运行效果如图 7-1 所示。

图 7-1　video 嵌入视频

在浏览器默认状态下，视频播放窗口的大小不合适，这就需要对视频添加宽度和高度。设置了宽度和高度属性的视频，浏览器播放时就会按照设置的宽度、高度显示。应用 width 和 height 就可以设置视频播放器的尺寸。下面通过例 7-2 学习如何设置 video 的宽度和高度。

例 7-2　video 视频宽度和高度设置

```
<!DOCTYPE html>
<html>
<head lang="en">
    <meta charset="UTF-8">
    <title>video 视频</title>
    <style>
        *{
            padding:0;
            margin: 0;
        }
        div{
            width: 840px;
```

```
            height: 500px;
            margin: 20px auto;
        }
        video{
            width: 800px;
            height: 450px;
        }
    </style>
</head>
<body>
    <h2>在 HTML5 中插入音频文件</h2>
    <hr>
    <div>
        <video src="我和我的祖国.mp4" controls loop autoplay muted></video>
    </div>
</body>
</html>
```

在例 7-2 中，<div>元素设置了宽高和居中对齐，<video>设置了宽度和高度，视频播放器的大小按照设置的宽度和高度显示，如果只设置宽度或高度，则按照等比例方式显示播放器。运行效果如图 7-2 所示。

图 7-2 设置了宽度和高度的 video

任务 3 插入音频

HTML5 提供了 audio 标签用于定义音频文件，它支持 MP3、Ogg 和 WAV 格式。其基本语法格式是：

```
<audio src="音频文件路径" controls></audio>
```

audio 属性如表 7-2 所示。

表 7-2 audio 属性

属 性	值	描 述
autoplay	autoplay	音频加载完成后自动播放
controls	controls	显示播放、暂停和声音控件
loop	loop	音频结束时重新开始播放
preload	preload	音频预加载，并准备播放。不能与“auutoplay”同时使用
src	url	音频文件的 URL 地址

下面通过例 7-3 来学习 audio 的使用方法和显示效果。

例 7-3 audio 音频

```
<!DOCTYPE html>
<html>
<head lang="en">
    <meta charset="UTF-8">
    <title>audio 音频</title>
</head>
<body>
    <h2>在 HTML5 中插入音频文件</h2>
    <hr>
    <audio src="piano.mp3" controls loop autoplay></audio>
</body>
</html>
```

在例 7-3 中，嵌入了音频文件，其中 controls 的属性用于显示播放器的控件，loop 属性实现循环播放功能，autoplay 属性实现自动播放功能，但是 Chrome 浏览器取消了自动播放功能。运行效果如图 7-3 所示。

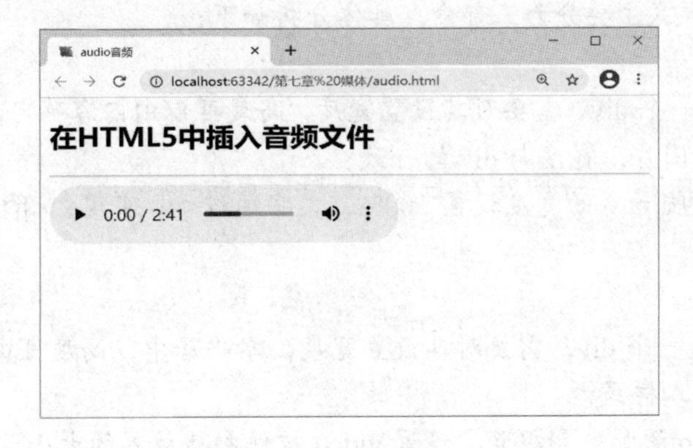

图 7-3 audio 嵌入音频

项目案例

制作电影“我和我的祖国”网站首页

学习完基础知识，就开始做“我和我的祖国电影网站首页，其运行效果如图 7-4 所示。

图 7-4 “我和我的祖国”电影网站首页

一、结构分析

“我和我的祖国”电影网站首页可以分为三个模块：头部 header、内容 content 和页脚 footer，如图 7-5 所示。

二、样式分析

页面效果图的样式主要分为三部分，具体分析如下：

1.头部 header

（1）header 是一个 div，需要对其设置宽度，高度可以由内容确定，并且要水平居中；

（2）添加两张图片，宽度与 div 的一致；

（3）中间的导航 nav 的宽度设置 100%，文字通过<ul>实现，<li>要设置其宽度、高度和内外边距。

2.内容 content

（1）content 是一个 div，需要对其设置宽度，水平居中，高度可由内容确定；

（2）标题和文本样式；

（3）应用 video 添加电影视频，设置 video 控件和播放器的大小；

（4）模块下面的跑马灯效果用 marquee 标记实现，设置其图片滚动方向，鼠标悬停或离开图片的效果。

3.页脚 footer

（1）页脚宽度设置 100%，与浏览器宽度一致；

（2）文字水平和垂直都要居中。

图 7-5　“我和我的祖国”电影网站首页结构分析

三、完整代码

1．结构：

```
<!DOCTYPE html>
<html>
<head lang="en">
    <meta charset="UTF-8">
    <title>首页</title>
    <link rel="stylesheet" href="css/index.css" type="text/css"/>
    <link rel="stylesheet" href="./css/swiper.css" type="text/css">
    <script src="./js/jquery.min.js"></script>
    <script src="./js/swiper.min.js" type="text/javascript"></script>
```

```
</head>
<body>
    <!--header-->
    <header>
        <img src="img/文字.png" width="1800" height="200">
    </header>
    <!--nav-->
    <nav>
        <ul>
            <li><a href="#">首 页</a></li>
            <li><a href="#">前 夜</a></li>
            <li><a href="#">相 遇</a></li>
            <li><a href="#">夺 冠</a></li>
            <li><a href="#">回 归</a></li>
            <li><a href="#">北京你好</a></li>
            <li><a href="#">白昼流星</a></li>
            <li><a href="#">护 航</a></li>
        </ul>
    </nav>
    <!--焦点图-->
    <div class="swiper-container" id="case1">
        <div class="swiper-wrapper">
            <div class="swiper-slide"><img src="img/我和我的祖国.jpg"></div>
            <div class="swiper-slide"><img src="img/前夜.jpg"></div>
            <div class="swiper-slide"><img src="img/相遇.jpg"></div>
            <div class="swiper-slide"><img src="img/夺冠.jpg"></div>
            <div class="swiper-slide"><img src="img/回归.jpg"></div>
            <div class="swiper-slide"><img src="img/北京你好.jpg"></div>
            <div class="swiper-slide"><img src="img/白昼流星.jpg"></div>
            <div class="swiper-slide"><img src="img/护航.jpg"></div>
        </div>
        <div class="swiper-button-prev"></div>
        <div class="swiper-button-next"></div>
        <div class="swiper-pagination"></div>
        <div class="swiper-scrollbar"></div>
    </div>
    <script>
        var mySwiper = new Swiper('#case1', {
            autoplay: true, //可选选项，自动滑动
            initialSlide: 1, //默认显示第二张图片索引从0开始
```

```
            speed: 2000, //设置过度时间
            /* grabCursor: true,//鼠标样式根据浏览器不同而定 */
            autoplay: {
                delay: 3000
            },
            /*  设置每隔 3000 毫秒切换 */
            <!-- 分页器 -->
            pagination: {
                el: '.swiper-pagination',
                clickable: true
            },
            <!-- 导航按钮 上一页下一页 -->
            navigation: {
                nextEl: '.swiper-button-next',
                prevEl: '.swiper-button-prev'
            },
            <!-- 滚动条 -->
            scrollbar: {
                el: '.swiper-scrollbar',
                hide: true
            },
            /*  设置当鼠标移入图片时是否停止轮播*/
            autoplay: {
                disableOnInteraction: false
            }
        });
        $(function(){
            $("#case1").swiper();
        })
    </script>
    <!--content-->
    <div class="content">
        <h1>我和我的祖国</h1>
        <hr>
        <h2>剧情介绍</h2>
        <p>《我和我的祖国》是由陈凯歌担任总导演，张一白、管虎、薛晓路、徐峥、宁浩、文牧野联合执导，黄渤、张译、吴京、马伊琍、杜江、葛优、刘昊然、陈飞宇、宋佳领衔主演，演绎 7 组普通人与祖国大事件息息相关的经历，以小人物见证大时代，献礼新中国成立 70 周年献礼片。</p>
        <p>该片讲述了新中国成立 70 年间普通百姓与共和国息息相关的故事，于
```

```
2019年9月30日在中国大陆上映，截至10月11日凌晨，影片累计票房已突破24亿七位导演分别取材新中国成立70周年以来，祖国经历的无数个历史性经典瞬间。讲述普通人与国家之间息息相关密不可分的动人故事。聚焦大时代大事件下，普通人和国家之间，看似遥远实则密切的关联，唤醒全球华人共同回忆。</p>
            <p>为保障开国大典国旗顺利升起，林治远（黄渤饰）争分夺秒排除万难，用一个惊心动魄的未眠之夜确保立国大事“万无一失”；为研制中国第一颗原子弹，高远（张译饰）献身国防科技事业，奉献了自己的青春和爱情；为确保五星红旗分秒不差飘扬在香港上空，升旗手朱涛（杜江饰）刻苦训练不懈怠、女港警莲姐（惠英红饰）兢兢业业守平安、外交官安文彬（王洛勇饰）与英国人谈判16轮分秒不让；喜迎奥运之际，出租车司机（葛优饰）将自己视若珍宝的开幕式门票送给了远赴京城的汶川地震孤儿。一个个鲜活生动的普通人的奋斗故事，勾连起一段段难以磨灭的全民记忆。<a href="https://www.sohu.com/a/342779814_814601">详情……</a></p>
            <!--视频-->
            <video src="img/预告片.mp4"  width="800px" controls muted></video>
        </div>
        <audio src="img/李谷一-我和我的祖国.mp3" autoplay controls muted></audio>
        <div class="scroll">
            <h2>电影“我和我的祖国”精彩瞬间</h2>
            <marquee direction="left" behavior="alternate" scrollamount="6" width="100%" onmouseover=this.stop(); onmouseout=this.start();>
                <a href="#"><img src="img/guoqi.jpeg"/></a>
                <a href="#"><img src="img/我和我的祖国.jpg"/></a>
                <a href="#"><img src="img/前夜.jpg"/></a>
                <a href="#"><img src="img/相遇.jpg"/></a>
                <a href="#"><img src="img/夺冠.jpg"/></a>
                <a href="#"><img src="img/回归.jpg"/></a>
                <a href="#"><img src="img/北京你好.jpg"/></a>
                <a href="#"><img src="img/白昼流星.jpg"/></a>
                <a href="#"><img src="img/护航.jpg"/></a>
                <a href="#"><img src="img/qianye.png"/></a>
                <a href="#"><img src="img/qianye1.jpeg"/></a>
                <a href="#"><img src="img/xiangyu.jpeg"/></a>
                <a href="#"><img src="img/xiangyu1.jpeg"/></a>
                <a href="#"><img src="img/duoguan.png"/></a>
                <a href="#"><img src="img/huigui.jpeg"/></a>
                <a href="#"><img src="img/huigui2.jpeg"/></a>
                <a href="#"><img src="img/huhang1.jpeg"/></a>
            </marquee>
        </div>
        <!--footer-->
```

```
        <footer>
            <p>Copyright@  1998-2019  by  www.mycountry.com.  all  rights
reserved.<br>2021-2023, 版权所有<br>该网页图片 视频等资源来自互联网 </p>
        </footer>
    </body>
    </html>
    2.样式:
    *{
        padding:0;
        margin:0;
    }
    /*header*/
    header{background-color: #440206;}
    header img{
        display: block;
        margin:0 auto 5px;
    }
    /*nav*/
    nav{
        width: 100%;
        height: 50px;
        background-color: #0775b9;
        border-top:2px solid #0775b9;
        margin-top:0;
    }
    nav ul{
        width: 1200px;
        height: 50px;
        margin: 0 auto;
    }
    nav ul li{
        width: 145px;
        height: 48px;
        list-style: none;
        display: inline-block;
        text-align: center;
        line-height: 48px;
    }
    nav ul li a{
        display: block;
```

```
        width: 145px;
        color: #ffffff;
        font-size: 22px;
        text-decoration: none;
}
nav ul li a:hover{
        color: #0775b9;
        background-color: #ffffff;
        border-bottom: 2px solid #0775b9;
}
/*焦点图*/
.swiper-container{
        width: 1400px;
        height: 500px;
        margin:5px auto;
}
.swiper-container .swiper-wrapper .swiper-slide img{
        width: 1400px;
        height: 500px;
}
/*content*/
.content{
        width: 1400px;
        margin: 0 auto;
}
.content h1{
        color: red;
        font-size: 38px;
        margin-top: 20px;
}
.content h2{
        margin: 20px 0;
}
.content p{
        text-indent: 2em;
        font-size: 20px;
        line-height: 28px;
}
.content video{
        width: 1000px;
```

```
        margin: 20px 200px;
    }
    /*音频*/
    audio{position: fixed;right: 5%;bottom:10%;}
    /*scroll*/
    .scroll{
        width: 1400px;
        margin: 20px auto;
    }
    .scroll h2{
        margin: 20px 0;
    }
    .scroll img{
        width:400px;
        height:160px;
        margin:5px;
    }
    /*footer*/
    footer{
        height: 120px;
        background-color: #0574b9;
        color: #ffffff;
        text-align: center;
    }
    footer p{
        font-size: 14px;
        line-height: 20px;
        padding-top:30px;
    }
```

【习题】

一、选择题

1．以下选项中，HTML5 支持的视频格式是(　　)。

A．MP3　　B．MPEG4

C．Webm　　D．Ogg

2．页面接在完成后可以自动播放视频的属性是（　　）。

A．loop　　B．autoplay

C．preload　　D．poster

3．在 HTML5 中，想要音频文件实现循环播放功能的是（　　）。

A．loop　　B．autoplay

C．preload　　D．poster

4．下列选项中，（　　）可以添加播放音频的 URL 地址。

A．controls　　B．URL

C．sr　　D．preload

5．下列选项中，不支持 MPEG4 的浏览器是（　　）。

A．IE0 以上　　B．Chrome6.0 以上

C．Firefox4.0 以下　　D．Safari3.0 以上

二、填空题

1．chrome 浏览器要实现自动播放功能，必须添加__________属性。

2．在 HTML5 中，添加视频文件的标记是_________，单添加音频文件的是_______。

3．在 HTML 中，_________设置视频文件窗口的宽度和高度。

4．<audio>标记中，src 地址_________是网络地址。

5．为<audio>添加播放控件的是_________属性。

三、操作题

请用 H5 实现图 7-6 所示的内容，在浏览器中测试。

图 7-6　操作题图

项目八

过渡、变形和动画

学习目标

- 掌握 transition 属性实现过渡效果的方法
- 掌握如何使用 transform 属性实现旋转、倾斜、缩放和平移操作
- 掌握如何实现更改元素原点坐标的效果
- 掌握设置动画关键帧的语法
- 掌握 animation 属性实现动画效果

思政映射

- 培养学生遵守网络规范，具有版权意识
- 逐步形成学生的职业素养，树立一丝不苟的职业态度
- 培养精益求精的职业精神。

任务1 过　渡

在 CSS3 中，为了添加某种效果，可以从一种样式转变到另一种样式，无需使用 Flash 动画或 JavaScript，可以使用过渡效果。CSS3 过渡是元素从一种样式逐渐改变为另一种样式的效果。过渡效果是用过渡属性 transition 来实现的，包括过渡属性名、过渡时长、渐变的速度曲线，还有延时效果。CSS 过渡属性如表 8-1 所示。

表 8-1　过渡常用的属性

属　性	描　述
transition -property	规定应用过渡的 CSS 属性名称
transition-duration	定义过渡效果花费的时间。默认是 0
transition-timing-function	规定过渡效果的时间曲线。默认是"ease"
transition-delay	规定过渡效果何时开始。默认是 0
transition	复合属性，用于在一个属性中设置四个过渡属性

一、transition-property 属性

transition-property 属性设置过渡效果的 CSS 属性名称。要设置过渡，必须设置这个属性，否则没有过渡效果。其语法格式如下：

transition-property:none/all/property;

transition-property 属性的取值包括 none、all、property（属性名），具体如表 8-2 所示。

表 8-2　transition-property 常见的属性值

属性值	描　述
none	没有属性会获得过渡效果
all	所有属性都会获得过渡效果
property	定义应用过渡效果的 CSS 属性名称，多个名称之间用逗号分隔

例如：transition-property:background-color;

设置过渡的属性为 background-color。

二、transition-duration 属性

transition-duration 属性设置完成过渡效果需要多少秒或毫秒。其语法格式如下：

transition-duration:time;

transition-duration 属性默认值为 0，其取值为时间，常用单位是秒（s）或者毫秒（ms）。

例如：transition- duration:8s;

设置过渡的时间为 8s，即过渡效果需要花费 8s 时间完成。

三、transition-timing-function 属性

transition-timing-function 属性设置过渡过程中的速度曲线。其语法格式如下：

transition-timing-function: ease/ linear/ ease-in/ ease-out/ ease-in-out/cubic-bezier(n,n,n,n);

transition- timing-function 属性默认值为 ease，常见的属性值如表 8-3 所示。

表 8-3　transition-timing-function 常见的属性值

属性值	描　述
ease	默认值；规定慢速开始，然后变快，然后慢速结束的过渡效果，相当于 cubic-bezier(0.25，0.1，0.25，1)
linear	以相同速度开始至结束的过渡效果（等于 cubic-bezier(0，0，1，1)）
ease-in	以慢速开始的过渡效果（等于 cubic-bezier(0.42，0，1，1)）
ease-out	以慢速结束的过渡效果（等于 cubic-bezier(0，0，0.58，1)）
ease-in-out	以慢速开始和结束的过渡效果（等于 cubic-bezier(0.42，0，0.58，1)）
cubic-bezier(n，n，n，n)	在 cubic-bezier 函数中定义自己的值。可能的值是 0～1 之间的数值

例如：transition- timing-function: ease-in-out;

设置过渡效果以慢速开始和结束。

四、transition- delay 属性

transition-delay 属性设置过渡效果何时开始，也就是延迟多少秒或多少毫秒再开始动画，默认 0。其语法格式如下：

```
transition-delay:time;
```

例如：transition-delay: 3s;

设置过渡动作延迟 3s 开始触发。

五、transition 属性

transition 属性是一个复合属性，包括 transition-property、transition-duration、transition-timing-function、transition-delay 这四个子属性。通过这四个子属性的配合来完成一个完整的过渡效果。其语法格式如下：

```
transition: property    duration    timing-function    delay;
```

transition 属性的参数必须按照顺序进行，不能颠倒，前两个参数必须设置，后两个参数可以省略。

例如：transition: background-color 5s linear 2s;

transition:border-radius 6s;

例 8-1　过渡 transition 属性

```
<!DOCTYPE html>
<html>
<head lang="en">
    <meta charset="UTF-8">
    <title>过渡 transition 属性</title>
    <style type="text/css">
        div{
            width: 300px;
            height: 100px;
            background-color: #41daeb;
            text-align: center;
            line-height: 100px;
        }
        div:hover{
            background-color: #59ed45;
            border-radius: 30px;
            transition-property:background-color,border-radius;
            transition-duration: 5s;
```

```
            transition-timing-function: linear;
            transition-delay: 2s;
            /*transition:background-color,border-radius 5s linear 2s;*/
        }
    </style>
</head>
<body>
    <div>过渡 transition</div>
</body>
</html>
```

运行效果如图 8-1 和图 8-2 所示。

图 8-1 过渡前效果

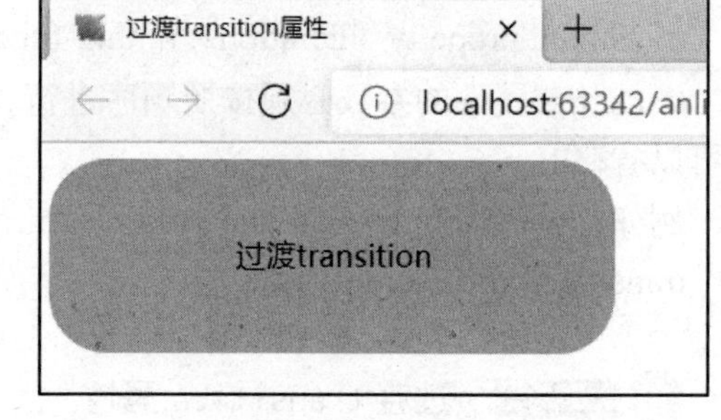

图 8-2 过渡后效果

例 8-1 中当鼠标经过 div 区域时，背景颜色等待 2s 匀速经过 5s 从蓝色过渡成绿色，圆角边框等待 2s 匀速经过 5s 从直角过渡成圆角。可以用四个属性分别设置，也可设置一个复合属性 transition。

任务 2　变　　形

在 CSS3 中改变网页元素的形状，即变形。变形也可以和过渡属性结合，实现一些网页动画效果。

CSS3 可以对元素进行旋转、扭曲、缩放和移动的变形效果。变形效果是用 transform 属性来实现的。transform 字面上的意思包括变形、改变等含义。变形效果的具体属性值如表 8-4 所示。

表 8-4　transform 属性值

属　性	属性值	描　述
transform	rotate()	旋转元素对象，参数为一个角度数
	skew()	倾斜元素对象，参数为一个角度数
	scale()	缩放元素对象，可以使任意元素对象尺寸发生变化，参数为正数、负数和小数
	translate()	移动元素对象，基于 x 坐标和 y 坐标重新定位元素

一、旋转 rotate()函数

在 CSS3 中，使用 rotate()函数可以旋转指定的对象元素，指定角度参数使元素相对原点进行旋转。它主要在二维空间内进行操作，设置一个角度值，用来指定旋转的幅度。其语法格式如下：

```
transform: rotate(α);
```

参数 α 用于定义旋转的角度值，单位为 deg，如果这个值为正值，元素相对原点中心顺时针旋转；如果这个值为负值，元素相对原点中心逆时针旋转。

例 8-2　变形-旋转

```
<!DOCTYPE html>
<html>
<head lang="en">
    <meta charset="UTF-8">
    <title>变形-旋转</title>
    <style type="text/css">
        div{
            width: 400px;
            height: 400px;
            background:gold;
            position:absolute;
            left:30%;
            top:20%;
        }
        .xuanzhuan:hover{
            transform: rotate(60deg);
            background: rgba(255,100,200,0.5);
            transition: transform 6s;
        }
    </style>
</head>
<body>
    <div>变形-旋转前</div>
    <div class="xuanzhuan">变形-旋转后</div>
</body>
</html>
```

运行效果如图 8-3 所示。

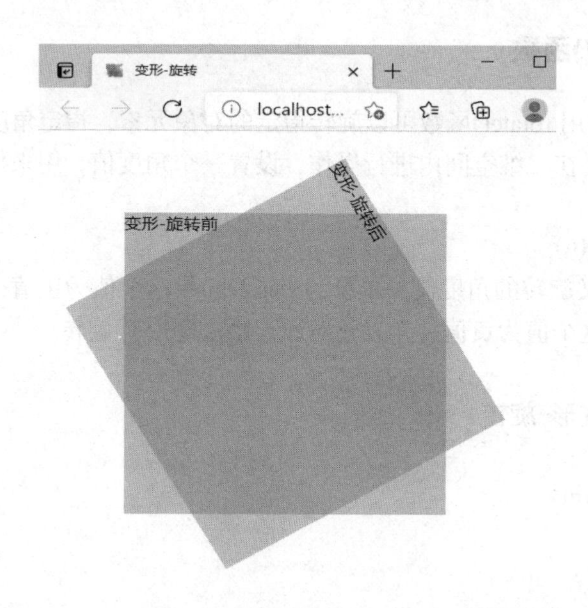

图 8-3 过渡前效果

例 8-2 中当鼠标经过 div 区域时，通过 transform 的 rotate()函数将第二个盒子旋转 60°。而且设置鼠标经过时背景色的变化，通过 transition 属性为变形属性 transform 设置缓慢的过渡效果。

二、倾斜 skew()函数

在 CSS3 中，使用 skew()函数可以倾斜指定的对象元素，它可以将一个对象以其中心位置围绕着 X 轴和 Y 轴按照一定的角度倾斜。这与 rotate()函数的旋转不同，rotate()函数只是旋转，不会改变元素的形状。skew()函数不会旋转，只会改变元素的形状。其语法格式如下：

```
transform: skew (xα,y β );
```

参数 xα 和 y β 用于定义水平（x 轴）和垂直（y 轴）的倾斜角度，单位为 deg，如果取值为正值或负值，表示不同的倾斜方向。第二个参数可以省略，只表示水平方向的倾斜角度。

例 8-3　过渡 transition 属性

```
<!DOCTYPE html>
<html>
<head lang="en">
    <meta charset="UTF-8">
    <title>变形-倾斜</title>
    <style type="text/css">
        div{
```

```
            width: 300px;
            height: 300px;
            background: #ff8616;
            position:absolute;
            left:20%;
            top:10%;
        }
        .qingxie:hover{
            transform: skew(30deg,10deg);
            background: rgba(18, 39, 255, 0.5);
            transition: transform 6s;
        }
    </style>
</head>
<body>
    <div>原图</div>
    <div class="qingxie">倾斜后</div>
</body>
</html>
```

运行效果如图 8-4 所示。

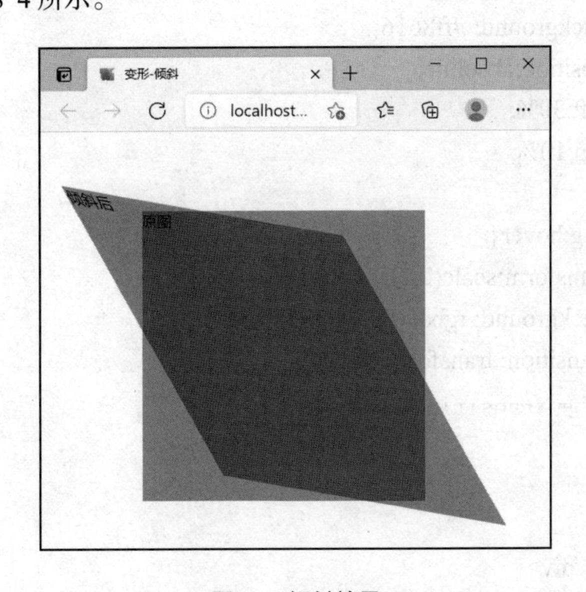

图 8-4　倾斜效果

例 8-3 中当鼠标经过 div 区域时，通过 transform 属性的 skew()函数将第二个盒子水平方向倾斜 30°，垂直方向倾斜 10°。而且设置鼠标经过时背景色的变化，通过 transition 属性为变形属性 transform 设置缓慢的过渡效果。

三、缩放 scale()函数

在 CSS3 中，使用 scale()函数可以使元素根据中心原点对对象进行缩放。scale()的取值默认为 1，其语法格式如下：

```
transform:scale(x,y);
```

参数 x 和 y 用于定义水平（x 轴）和垂直（y 轴）的缩放倍数，参数可以为正数、负数和小数，不需要单位。当值设置为 0.01 ~ 0.99 之间时，作用使一个元素缩小；而任何大于或等于 1.01 的值，作用是让元素放大。第二个参数可以省略，表示水平垂直等比例缩放。

例 8-4　过渡 transition 属性

```
<!DOCTYPE html>
<html>
<head lang="en">
    <meta charset="UTF-8">
    <title>变形-缩放</title>
    <style type="text/css">
        div{
            width: 100px;
            height: 100px;
            background: #ff8616;
            position:absolute;
            left:30%;
            top:10%;
        }
        .suofang:hover{
            transform:scale(2,2);
            background: rgba(18, 39, 255, 0.5);
            transition: transform 6s;
        }
    </style>
</head>
<body>
    <div>原图</div>
    <div class="suofang">缩放后</div>
</body>
</html>
```

运行效果如图 8-5 所示。

图 8-5 缩放效果

例 8-4 中当鼠标经过 div 区域时，通过 transform 属性的 scale()函数将第二个盒子放大 2 倍。而且设置鼠标经过时背景色的变化，通过 transition 属性为变形属性 transform 设置缓慢的过渡效果。

四、平移 translate ()函数

在 CSS3 中，使用 translate()函数可以将元素向指定的方向移动，实现元素的平移效果，其语法格式如下：

```
transform:translate(x,y);
```

参数 x 和 y 用于定义水平（x 轴）和垂直（y 轴）的坐标，参数值常用单位为像素和百分比。当参数为正数时，向右和向下移动，当参数为负数时，表示反方向移动元素，向左和向上移动。如果省略第二个参数，则默认值为 0，在该坐标轴不移动。

例 8-5 平移 translate ()函数

```
<!DOCTYPE html>
<html>
<head lang="en">
    <meta charset="UTF-8">
    <title>变形-平移</title>
    <style type="text/css">
        div{
            width: 200px;
            height: 100px;
            background: #1429ff;
```

```
            position:absolute;
            left:30px;
            top:30px;
        }
        .pingyi:hover{
            transform:translate(50px,50px);
            background: rgba(255, 10, 232, 0.5);
            transition: all 5s ease;
        }
    </style>
</head>
<body>
<div>原图</div>
<div class="pingyi">平移后</div>
</body>
</html>
```

运行效果如图 8-6 所示。

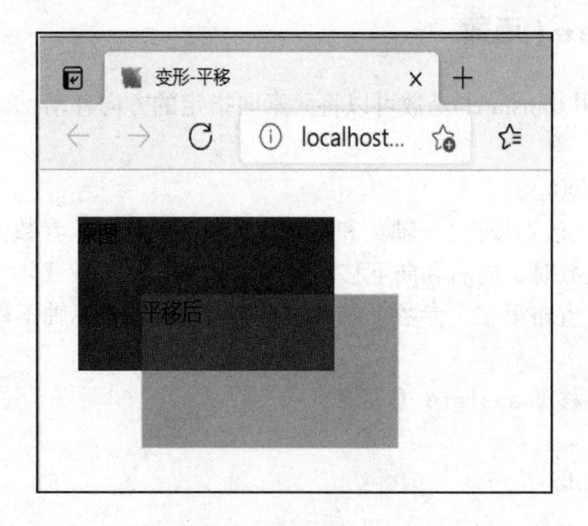

图 8-6　平移效果

例 8-5 中当鼠标经过 div 区域时，通过 transform 的 translate ()函数将第二个盒子分别向右向下平移 50px。而且设置鼠标经过时背景色的变化，通过 transition 属性为所有属性 all 设置缓慢的过渡效果。

五、改变中心点 transform-origin 属性（变形原点）

通过 transform 属性实现元素的旋转、倾斜、缩放和平移效果，这些变形都是以元素的中心点为参照的。任何一个元素都有一个中心点，默认情况之下，其中心点居于元素 X 轴和 Y 轴的 50%处。如果需要改变这个中心点，可以使用 transform-origin 属性，其语法格式如下：

```
transform-origin:x-axis,y-axis,z-axis;
```

参数 x-axis、y-axis、z-axis 用于改变元素的水平（x 轴）和垂直（y 轴）位置的坐标位置用于 2D 变形，参数 z-axis 表示空间（z 轴）纵深坐标位置，用于 3D 变形。默认值分别为 50% 50% 0。各参数的具体含义如表 8-5 所示。

表 8-5　transform-origin 参数说明

参　数	描　述
x-axis	定义元素被置于 x 轴的何处。可能的值为 left、center、right、%、length（单位像素）
y-axis	定义元素被置于 y 轴的何处。可能的值为 top、center、bottom、%、length（单位像素）
z-axis	定义元素被置于 z 轴的何处。可能的值为 length（单位像素），不能为百分比值

例 8-6　改变中心点 transform-origin 属性

```
<!DOCTYPE html>
<html>
<head lang="en">
    <meta charset="UTF-8">
    <title>改变中心点</title>
    <style type="text/css">
        div{
            width: 300px;
            height: 300px;
            background: #ff8616;
            position:absolute;
            left:30%;
            top:10%;
        }
        .zhongxin:hover{
            background: rgba(18, 39, 255, 0.5);
            transform: rotate(30deg);
            transform-origin:left top;
            transition: transform 5s ease;
        }
    </style>
</head>
```

```
<body>
    <div>原图</div>
    <div class="zhongxin">缩放后</div>
</body>
</html>
```

运行效果如图 8-7 所示。

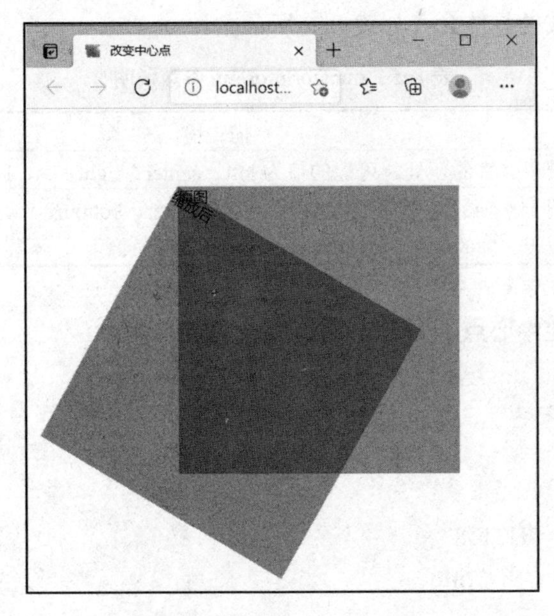

图 8-7 改变中心点效果

例 8-6 中当鼠标经过 div 区域时，通过 transform 的 rotate()函数将第二个盒子旋转 30° 。通过 transform-origin 属性改变旋转的中心点为左上角。

任务 3 动 画

在 CSS3 中，学习了过渡 transition 属性，可以使元素从一种样式逐渐改变为另一种样式的效果，而且动态效果不能重复播放。动画 animation 属性可以制作重复播放的多种样式效果的复杂动画。

一、@keyframes 规则

使用@keyframes 规则，可以创建动画。animation 属性只有配合@keyframes 规则才能实现动画效果。@keyframes 规则语法格式如下：

```
@keyframes animationname{
keyframes-selector{css-styles;}
}
```

@keyframes 规则各参数的具体含义如表 8-6 所示。

表 8-6　@keyframes 规则参数说明

参　数	描　述
animationname	定义 animation 的名称，引用动画的标识，不能为空
keyframes-selector	关键帧选择器，指定当前关键帧要应用到整个动画过程中的位置。值是百分比、from 或 to，from 和 0%相同，表示动画的开始，to 和 100%相同，表示动画的结束
css-styles	一个或多个合法的 CSS 样式属性

例如：创建一个匀速向下的动画。

```
@keyframes mymove1 {
        from {top:0px;}
        to {top:200px;}
        }
```

或

```
@keyframes mymove1 {
        0% {top:0px;}
        100% {top:200px;}
        }
```

创建了一个名为 mymove1 的动画，该动画开始时距顶部距离为 0 像素，动画结束时距顶部距离为 200 像素。

例如：在一个动画中添加多个 keyframe 选择器。

```
@keyframes mymove2 {
         0% {top:0px;}
         25% {top:200px;}
         50% {top:100px;}
         75% {top:200px;}
         100% {top:0px;}
        }
```

创建了一个名为 mymove2 的动画，该动画设置了五个状态。

例如：在一个动画中改变多个 CSS 样式

```
@keyframes mymove3{
        from{top:0px; background:red; width:100px;}
        50% {top:200px; background:yellow; width:300px;}
        to{top:0px; background:greenyellow; width:100px;}
}
```

创建了一个名为 mymove3 的动画，该动画设置了三个状态，每个状态设置多种样式。

二、animation-name 属性

animation-name 属性用于定义要应用动画名称，该动画名称被@keyframes 规则引用，其基本其语法格式如下：

animation-name: keyframename|none;

animation-name 属性值如表 8-7 所示。

表 8-7 animation-name 属性值

值	描 述
keyframename	规定需要绑定到选择器的 keyframe 的名称
none	规定无动画效果（可用于清除动画）

例如：为 @keyframes 动画指定一个名称：

animation-name:mymove1;

三、animation-duration 属性

animation-duration 属性设置整个动画效果完成需要的时间。其语法格式如下：

animation-duration:time;

animation-duration 属性默认值为 0，其取值为时间，常用单位是秒（s）或者毫秒（ms）。

例如：animation-duration:6s;

设置动画的时间为 8s，即整个动画效果需要花费 6s 时间完成。

四、animation-timing-function 属性

animation-timing-function 属性设置动画的速度曲线。其语法格式如下：

animation-timing-function: ease/ linear/ ease-in/ ease-out/ ease-in-out/cubic-bezier(n,n,n,n);

animation-timing-function 属性默认值为 ease，常见的属性值见表 8-8 所示。

表 8-8 animation-timing-function 常见的属性值

属性值	描 述
ease	默认值：动画低速开始，然后加快，在结束前变慢（相当于 cubic-bezier(0.25,0.1,0.25,1)）
linear	动画从开始至结束速度相同（相当于 cubic-bezier(0,0,1,1)）
ease-in	动画以低速开始（相当于 cubic-bezier(0.42,0,1,1)）
ease-out	动画以低速结束（相当于 cubic-bezier(0,0,0.58,1)）
ease-in-out	动画以低速开始和结束（相当于 cubic-bezier(0.42,0,0.58,1)）
cubic-bezier(n,n,n,n)	在 cubic-bezier 函数中定义自己的值。可能的值是 0～1 之间的数值

例如：animation-timing-function: ease-in-out;

动画以慢速开始和结束。

五、animation-delay 属性

animation-delay 属性设置动画何时开始，也就是延迟多少秒或多少毫秒再开始动画，

默认 0。其语法格式如下：

```
animation-delay:time;
```

例如：animation-delay: 2s;

设置动画延迟 2s 开始触发。

六、animation-iteration-count 属性

animation-iteration-count 属性设置定义动画的播放次数。其语法格式如下：

```
animation-iteration-count:number/infinite;
```

animation-name 属性值如表 8-9 所示。

表 8-9　animation-iteration-count 常见的属性值

属性值	描　述
number	定义动画播放次数的数值
infinite	规定动画循环播放

例如：animation-iteration-count:2;

设置动画播放 2 次。

七、animation-direction 属性

animation-direction 属性设置是否轮流反向播放动画。其语法格式如下：

```
animation-direction:normal/alternate;
```

animation-direction 属性值如表 8-10 所示。

表 8-10　animation-direction 常见的属性值

属性值	描　述
normal	默认值。动画正常播放
alternate	动画轮流反向播放

如果 animation-direction 值是 alternate，则动画会在奇数次数（1、3、5…）正常播放，而在偶数次数（2、4、6…）反向播放。如果把动画设置为只播放一次，则该属性没有效果。必须把动画播放次数设置大于等于 2 次，animation-iteration-count 属性才有效。

例如：animation-direction: alternate;

设置动画来回交替播放。

八、animation-play-state 属性

animation-play-state 属性设置动画的状态 paused（停止）或 running（运动）。

九、animation-fill-mode 属性

animation-fill-mode 属性设置动画前后的状态 none（缺省）、forwards（结束时停留在最后一帧）、backwards（开始时停留在定义的开始帧）或 both（前后都应用）。

十、animation 属性

animation 属性是一个复合属性，包括 animation-name、animation-duration、animation-timing-function、animation-delay、animation-iteration-count 和 animation-direction 这六个子属性。通过这六个子属性的配合来完成一个完整的动画。其语法格式如下：

animation: animation-name animation-duration animation-timing-function animation-delay animation-iteration-count animation-direction;

animation 属性的参数必须按照顺序进行，不能颠倒，前两个参数必须设置，后面参数可以省略。

例 8-7 动画 animation 属性

```
<!DOCTYPE html>
<html>
<head lang="en">
    <meta charset="UTF-8">
    <title>动画</title>
    <style type="text/css">
        @keyframes shrink{
            from{
                width: 1px;
            }
            to{
                width: 500px;
            }
        }
        .box{
            width: 1px;
            height: 50px;
            background-color: yellow;
            animation-name: shrink;
            animation-duration: 2s;
            animation-timing-function: ease;
            animation-delay: 0.2s;
            animation-iteration-count: 3;
            animation-direction: alternate;
            animation-play-state: running;
            animation-fill-mode: forwards;
            /*animation: shrink 2s ease 1s 3 alternate running forwards;*/
```

```
        }
        .box:hover{
            animation-play-state: paused;
        }
        </style>
</head>
<body>
    <div class="box">
    </div>
</body>
</html>
```

运行效果如图 8-8 所示。

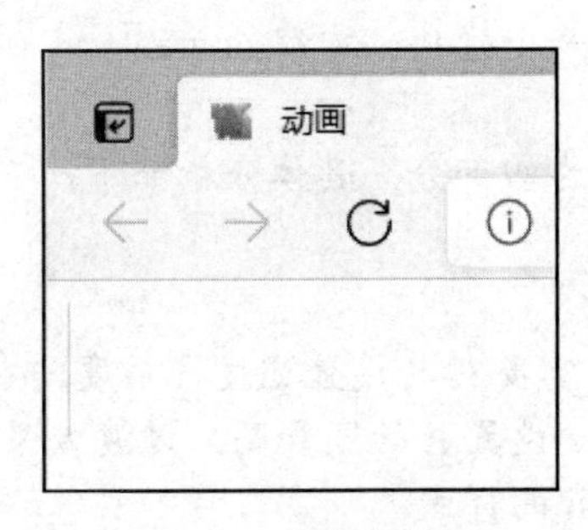

图 8-8　动画前效果

例 8-8 中一个矩形条从宽 1px 到 500px 动画延迟 1s ~ 2s 完成整个动画，来回重复 3 次，当鼠标经过矩形区域时，动画暂停，如图 8-9 所示。

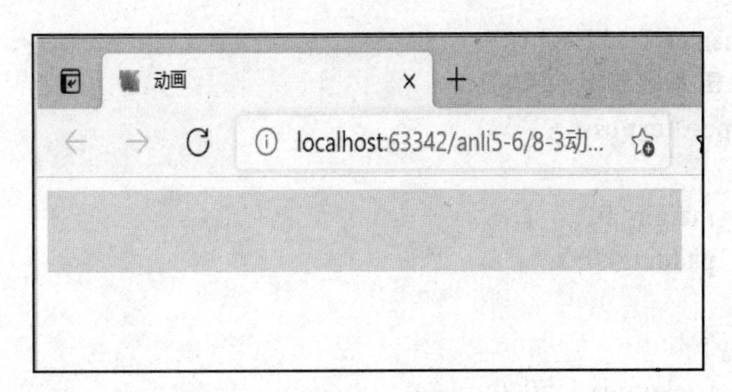

图 8-9　动画后效果

项目案例

制作“中国军魂”百叶窗页面

学习完基础知识，利用过渡、变形、动画，开始做一个“中国军魂”百叶窗页面吧，其运行效果如图 8-10 所示。

图 8-10 “中国军魂”页面效果

一、结构分析

“中国军魂”百叶窗页面一个模块：内容 content。

二、样式分析

页面效果图的样式主要分为四部分，具体分析如下：

1.设置背景色。

2.内容 content。

（1）content 是一个 div，需要对其设置宽度、高度，水平居中。无溢出样式；

（2）设置 ul 为弹性布局，设置 li 的宽和高，过渡效果；

（3）设置鼠标经过 ul 和 li 的样式。

三、完整代码：

```
<!DOCTYPE html>
<html>
<head lang="en">
    <meta charset="UTF-8">
    <title>中国军魂百叶窗</title>
    <style type="text/css">
        *{
            margin: 0;
            padding: 0;
        }
        body{
            background: #000;
        }
        .container{
            margin: 100px auto;
            width: 1200px;
            height: 600px;
            overflow: hidden;
        }
```

```
        .container ul{
            display: flex;
        }
        .container li{
            width: 320px;
            height: 600px;
            list-style: none;
            box-shadow: 0 0 25px #000;
            transition: all 0.5s;
        }
        .container li img{
            display: block;
            width: 1200px;
            height: 600px;
        }
        .container ul:hover li{
            width: 40px;
        }
        .container ul li:hover{
            width: 1000px;
        }
    </style>
</head>
<body>
<div class="container">
    <ul>
        <li><img src="images/jun1.jpg" alt=""></li>
        <li><img src="images/jun2.jpg" alt=""></li>
        <li><img src="images/jun3.jpg" alt=""></li>
        <li><img src="images/jun4.jpg" alt=""></li>
        <li><img src="images/jun5.jpg" alt=""></li>
        <li><img src="images/jun6.jpg" alt=""></li>
    </ul>
</div>
</body>
</html>
```

【习题】

一、选择题

1．关于 transition-property 属性的描述，下列说法正确的是（　　）。

A．用于指定应用过渡效果的 CSS 属性的名称

B．用于定义完成过渡效果需要花费的时间

C．规定过渡效果中速度的变化

D．规定过渡效果何时开始

2．以下哪个属性可以用来控制动画执行的次数？（　　）

A．animation-state　　B．animation-duration

C．animation-iteration-count　　D．animation-delay

3．设定一个元素按规定的动画执行，你需要运用什么规则？（　　）

A．animatio　　B．keyframes

C．flash　　D．transition

4．在 CSS3 中，可以实现平移效果的属性是（　　）。

A．translate()　　B．scale()

C．skew()　　D．rotate()

5．在 HTML 中，通过（　　）可以实现鼠标悬停在 div 上时，元素执行旋转 45° 效果。

A．div:hover{transform:rotate(45deg)}

B．div:hover{transform:translate(50px)}

C．div:hover{transform:scale(1.5)}

D．div:hover{transform:skew(45deg)}

二、填空题。

1．如果想对一个 div 元素的宽度属性设置一个 2s 的过渡效果，相应的 CSS 属性应该写为_________。

2．改变元素中心点的属性是___________。

3．___________属性用来定义动画执行时间。

4.设置 div 相对于 X 轴倾斜 30° ，相对于 Y 轴倾斜 20° 的代码为__________。

5．在编写代码过程中关键帧 @keyframes 的名字需要和___________属性值对应。

三、操作题

请用 H5+CSS3 实现图 8-11 所示弹力球跳动的动画，在浏览器中测试。

图 8-11　操作题图

项目九

实战开发——“十三王朝古都——西安”网站

学习目标

- 掌握使用 HTML5 和 CSS3 进行网页布局的方法
- 掌握完整网站制作的思路和流程
- 能够综合应用 HTML5 和 CSS3 完成静态网站开发

思政映射

- 培养学生分析问题、解决问题及创造思维能力，培养学生对程序设计的兴趣，充分发挥学生的自主学习能力。
- 培养学生与人交流、与人合作及信息处理的能力，具有社会责任感和社会参与意识。
- 培养高尚的人文素养，使学生有健康的身心以及良好的职业道德。

任务 1　网站整体设计

经过前面 8 个项目的学习，相信大家已经熟练掌握了 HTML5 和 CSS3 的基础知识，以及网页布局和排版的方法。为了有效巩固所学知识，本项目综合前面所讲内容，完成一个实践项目——制作“十三王朝古都——西安”静态网站。

一、网站主题

秦楚齐燕赵魏韩，东南西北中三家。中华上下五千年，直至秦一统六国，才有了真正的中国。而西安作为中国十三朝古都，是一个文化底蕴十分厚重的城市，它向外散发的魅力在于，古朴而不失典雅，优雅而不失现代的繁华，无论是古风建筑还是现代的霓虹灯，在西安这座城市都有了完美的融合。西安是一座十分容易引发人们共鸣与回忆的城市，它那厚重且斑驳的城墙映照了一个国家几千年的历史，也刻画着人们的生活时光。因此去西安旅游是一个十分优质的选择，今天就跟随我，制作“十三王朝古都——西安”网站，一起探寻西安之美吧。

二、网站结构

本网站分为首页、城市风景、风味小吃、历史沿革、人文风情、注册登录六个栏目，网站结构如图 9-1。

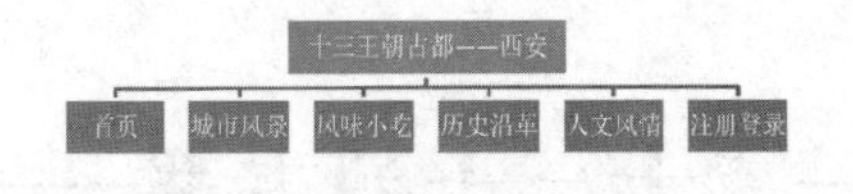

图 9-1　网站结构

三、网站素材

整体规划后，可以根据需要搜集一些素材。如文本素材，图片素材，视频素材等。

1. 文本素材

文本素材的搜集渠道比较多，可以在网站中搜集整理，也可以在一些杂志报刊中搜集，然后分析文本内容的优缺点，提取有用的文本内容。要注意对文本内容进行再加工。

2. 图片素材

根据网站内容和风格搜索相应图片，或者采取自己拍摄，再次加工处理，保证图片清晰。图 9-2 为网站搜集的部分图片素材。

图 9-2　网站图片素材

四、网站效果图

根据前期准备工作，明确项目设计需求后，可以设计网站效果图。下面各图分别为首页、城市风景、风味小吃、历史沿革、人文风情、注册登录页面效果图。

图 9-3　网站首页

图 9-4　城市风景子页

十三王朝古都——西安
The ancient capital of the Thirteenth Dynasty Xi'an
首页
城市风景
风味小吃
历史沿革
人文风情
登录|注册
风味小吃
回民街
西安著名小吃
陕西西安特产
陕西特产

图 9-5 风味小吃子页

西安
十三王朝古都——西安
The ancient capital of the Thirteenth Dynasty　Xi'an
首页
城市风景
风味小吃
历史沿革
人文风情
登录|注册
遇见历史————激荡人文
正在播放中...
0:00 / 2:18
西安-历史博物馆　秦始皇兵马俑
兵马俑，即秦始皇兵马俑，亦简称秦兵马俑或秦俑，第一批全国重点文物保护单位，第一批中国世界遗产，位于今陕西省西安市临潼区秦始皇陵以东1.5千米处的兵马俑坑内。
兵马俑是古代墓葬雕塑的一个类别。古代施行人殉，奴隶是奴隶主生前的附属品，奴隶主死后奴隶要作为殉葬品为奴隶主陪葬。兵马俑即制成兵马（战车、战马、士兵）形状的殉葬品。
1961年3月4日，秦始皇陵被国务院公布为第一批全国重点文物保护单位。1974年3月，兵马俑被发现。1987年，秦始皇陵及兵马俑坑被联合国教科文组织批准列入《世界遗产名录》，并被誉为“世界第八大奇迹”，先后有200多位外国元首和政府首脑参观访问，成为中国古代辉煌文明的一张金字名片，被誉为世界8大古墓稀世珍宝之一。
大明宫国家遗址公园
大明宫国家遗址公园是世界文化遗产，全国重点文物保护单位。位于陕西省西安市太华南路，大明宫地处长安城北部的龙首原上，始建于唐太宗贞观八年(634年)，平面略呈梯形。
大明宫是唐帝国最宏伟壮丽的宫殿建筑群，也是当时世界上面积最大的宫殿建筑群，是唐朝的国家象征，初建于唐太宗贞观八年，毁于唐末，面积3.2平方公里。
大明宫遗址是1961年国务院公布的首批全国重点文物保护单位，是国际古遗址理事会确定的具有世界意义的重大遗址保护工程，是丝绸之路整体申请世界文化遗产的重要组成部分。
大明宫国家遗址公园
Copyright© 宸宸工作室 chenchen.com 版权所有

图 9-6　历史沿革子页

十三王朝古都——西安
The ancient capital of the Thirteenth Dynasty Xi'an
首页
城市风景
风味小吃
历史沿革
人文风情
登录|注册
人文风情
正在播放中...
腾讯视频
0:00 / 2:43
吸纳正气—正心正人正己
长安回望绣成堆，山顶千门次第开
皮影戏
历史是一面镜子，它照亮现实，也照亮未来

图 9-7 人文风情子页

图 9-8　注册登录子页

任务 2　“十三王朝古都——西安”首页的制作

在上面小节中，完成了制作网站所需的相关准备工作，下面按照网页栏目模块划分，将首页的制作拆分成 5 个模块，一步一步完成整个页面的制作。

一、页面结构

“十三王朝古都——西安”首页分 5 个模块：头部 header、导航 nav、焦点图 banner、内容 content 和页脚 footer。结构模块如图 9-9。

图 9-9　首页结构图

在 index.html 中，编写结构代码，完整代码如下：

```
<!DOCTYPE html>
<html>
    <head>
        <meta charset="utf-8" />
        <title>西安</title>
        <link rel="stylesheet" type="text/css" href="css/index.css" />
    </head>
    <body>
        <!-- 头部 -->
        <header>
            <div class="con">
                <img src="img/logo.jpg" />
                <ul>
                    <li>十三王朝古都——西安</li>
                    <li>The ancient capital of the Thirteenth Dynasty   Xi'an</li>
                </ul>
            </div>
        </header>
        <!-- 导航 -->
        <nav>
            <div class="nav_in">
                <ul>
                    <li><a href="index.html">首页</a></li>
                    <li><a href="city.html">城市风景</a></li>
                    <li><a href="snack.html">风味小吃</a></li>
                    <li><a href="lishi.html">历史沿革</a></li>
                    <li><a href="renwen.html">人文风情</a></li>
                    <li><a href="users.html">登录|注册</a></li>
                </ul>
            </div>
        </nav>
        <!-- 焦点图 -->
        <div class="banner">
            <img src="img/banner.jpg" />
            <p>开启西安城市网上旅游之路</p>
            <ol>
                <li class="current"></li>
                <li class="but"></li>
```

```
				<li class="but"></li>
			</ol>
		</div>
		<!-- 内容 -->
		<div class="content">
			<h2>西安（陕西省省会、副省级市）</h2>
			<img src="img/3.jpg" />
			<p>西安，简称“镐”，古称长安、镐京，是陕西省省会、副省级市、特大城市、关中平原城市群核心城市，国务院批复确定的中国西部地区重要的中心城市，国家重要的科研、教育、工业基地。</p>
			<p>总面积 10108 平方千米 。截至 2019 年，全市下辖 11 个区、2 个县，建成区面积 700.69 平方千米。根据第七次人口普查数据，截至 2020 年 11 月 1 日零时，西安市常住人口为 12952907 人西安地处关中平原中部、北濒渭河、南依秦岭，八水润长安，是联合国教科文组织于 1981 年确定的“世界历史名城”，是中华文明和中华民族重要发祥地之一，丝绸之路的起点，历史上先后有十多个王朝在此建都，丰镐都城、秦阿房宫、兵马俑，汉未央宫、长乐宫，隋大兴城，唐大明宫、兴庆宫等勾勒出“长安情结”。</p>
			<p> 西安是中国最佳旅游目的地、中国国际形象最佳城市之一，有两项六处遗产被列入《世界遗产名录》，分别是：秦始皇陵及兵马俑、大雁塔、小雁塔、唐长安城大明宫遗址、汉长安城未央宫遗址、兴教寺塔。另有西安城墙、钟鼓楼、华清池、终南山、大唐芙蓉园、陕西历史博物馆、碑林等景点。</p>
			<p>西安拥有西安交通大学、西北工业大学、西安电子科技大学等 7 所“双一流”建设高校。2018 年 2 月，国家发展和改革委员会、住房和城乡建设部发布《关中平原城市群发展规划》支持西安建设国家中心城市、国际性综合交通枢纽、建成具有历史文化特色的国际化大都市。2020 年西安市生产总值 10020.39 亿元。 </p>
		</div>
		<!-- 页脚 -->
		<footer>
			<p>Copyright&copy; 宸宸工作室 chenchen.com 版权所有</p>
		</footer>
	</body>
</html>
```

二、页面样式

新建样式表文件 index.css。完整代码如下：

```
*{
	margin: 0;
	padding: 0;
	list-style: none;
}
body{
	background: #555;
	color: #fff;
```

```
}
a:link,a:visited{
    color: aqua;
    text-decoration: none;
}
a:hover{
    color: lightpink;
}
/* 头部 */
header{
    width: 100%;
    height: 120px;
    background: darkslategray;
}
header .con{
    width: 850px;
    margin-left: 410px;
    color: #fff;
}
header .con img{
    width: 13%;
    height: 120px;
    float: left;
    margin-right: 20px;
}
header .con ul li{
    height: 60px;
    line-height: 60px;
    margin-right: 50px;
    font-size: 40px;
    font-family: '宋体';
}
header .con ul li:nth-of-type(2){
    font-size: 25px;
    font-family: '楷体';
}
/* 导航 */
nav{
    width: 100%;
    height: 85px;
    background-color: #777;
```

```
}
nav .nav_in{
    width: 1100px;
    margin: 0 auto;
}
nav .nav_in ul{
    margin-left: 185px;
}
nav .nav_in li{
    float: left;
    margin-right: 50px;
    font-size: 24px;
    height: 85px;
    line-height: 85px;
    color: #2FADE7;
}
/* 焦点图 */
.banner{
    width: 100%;
    position: relative;
    overflow: hidden;
}
.banner img{
    width: 100%;
}
.banner p{
    width: 100%;
    position: absolute;
    left: 0;
    top: 18%;
    color: #FFF;
    text-align: center;
    font-size: 30px;
    }
.banner ol{
    position: absolute;
    left: 47%;
    top: 80%;
}
.banner ol li{
    float: left;
```

```
        margin-right: 20px;
        }
    .banner .current{
        width: 10px;
        height: 10px;
        border-radius: 50%;
        background: #2fade7;
        border: 1px solid #90d1d5;
        }
    .banner .but{
        width: 10px;
        height: 10px;
        border-radius: 50%;
        background: #d6d6d6;
        border: 1px solid #d6d6d6;
        }
    /* 内容 */
    .content{
        width: 1200px;
        margin: 0 auto;
    }
    .content h2{
        line-height: 80px;
    }
    .content p{
        text-indent: 2em;
        font-size: 18px;
        font-family: "楷体";
    }
    .content img{
        width: 500px;
        height: 360px;
        float: right;
        padding-top: 0;
        margin-left: 30px;
    }
    /* 页脚 */
    footer{
        width: 100%;
        height: 127px;
        background: #999;
```

```
        margin-top: 30px;
        color: #fff;
        text-align: center;
    }
    footer p{
        line-height: 127px;
    }
```

任务 3 “十三王朝古都——西安”城市风景页面的制作

将城市风景页面的制作拆分成 4 个模块，一步一步完成整个页面的制作。

一、页面结构

“十三王朝古都——西安”城市风景页面分 4 个模块：头部 header、导航 nav、内容 content 和页脚 footer。结构模块如图 9-10。

图 9-10 城市风景页面结构图

在站点中新建 city.html 页面，其中头部 header、导航 nav 和页脚 footer 模块结构代码参考首页，内容 content 模块结构代码如下：

```
<!-- 内容 -->
<div class="content">
    <h1>城市风景</h1>
    <h4>——————————————————   大 唐 不 夜 城
  ——————————————————</h4>

    <img src="img/ye1.jpg" />
    <img src="img/ye2.jpg" />
    <img src="img/ye3.jpg" />
    <p>大唐不夜城位于陕西省西安市雁塔区的大雁塔脚下，北起大雁塔南
广场，南至唐城墙遗址，东起慈恩东路，西至慈恩西路，街区南北长 2100 米，东西宽 500
米，总建筑面积 65 万平方米。<br />  
  2019 年 4 月 29 日，大唐不夜城步行街被列为全国首批 11 条步行街改造提升试点之一。
2020 年 7 月，大唐不夜城步行街入选首批全国示范步行街名单。</p>
</div>
<div class="content2">
    <h4>——————————————————   西 安 钟 楼
  ——————————————————</h4>
    <p>西安钟楼位于西安市中心，明城墙内东西南北四条大街的交汇处，
是中国现存钟楼中形制最大、保存最完整的一座。建于明太祖洪武十七年（1384 年），初
建于今广济街口，与鼓楼相对，明神宗万历十年（1582 年）整体迁移于今址。<br
/>      
  钟楼建在方型基座之上，为砖木结构，重楼三层檐，四角攒顶的形式，总高 36 米，
占地面积 1377 平方米。<br />      
  1956 年 8 月 6 日，陕西省人民委员会公布钟楼为省级文物保护单位。1996 年 11 月 20
日，西安钟楼被国务院公布为全国重点文物保护单位。</p>
    <img src="img/ren18.jpg"/>
    <img src="img/feng7.jpg"/>
    <img src="img/zhong.jpeg"/>
    <img src="img/zhong1.jpg"/>
    <img src="img/zhong3.jpg"/>
    <img src="img/zhong4.jpg"/>
</div>
<div class="content3">
    <h4>——————————————————   华 山 青 崇 崇
  壶口黄浊浊  ——————————————————</h4>
    <p>华山（Huashan Mountain）位于济南市历城区华山街道，是黄河旅游
风景线的重要组成部分。华山又名华不注山，曾经因为战国时期的晋齐“鞍之战”中齐倾
公的战车骖马被树枝挂住缰绳在此误车，故又得名“金舆山”。地处济南市东北角，海拔
197 米，平地突起一峰，宛如利剑一把拔地而起，华不注山素以奇秀著称。<br
```

```
/>   
                华山景区山上有飞升岩、五指石、蛙石、一线天、仙人桥、华泉、 华
山湖等诸多自然景观。华山景区周围池塘遍地，是典型的近郊型山水旅游场所。</p>
                <img src="img/hua1.jpg" />
                <img src="img/hua2.jpg"  />
                <img src="img/hua3.jpg"  />
                <img src="img/hua4.jpg" />
                <img src="img/hua5.jpg"/>
                <img src="img/hua6.jpg" />
            </div>
```

二、页面样式

新建样式表文件 city.css，其中头部 header、导航 nav 和页脚 footer 模块样式代码参考首页，内容 content 模块样式代码如下：

```
/* 内容 */
.content{
    width: 1200px;
    height: 380px;
    margin: 0 auto;
}
.content h1{
    font-family: '楷体';
    text-align: center;
    margin-top: 20px;
}
.content h4{
    font-size: 20px;
    text-align: center;
    margin-top: 20px;
}
.content img,.content p{
    width: 288px;
    height: 230px;
    text-indent: 2em;
    margin-left: 10px;
    float: left;
    margin-top: 20px;
    font-size: 18px;
    font-family: '楷体';
}
.content2{
    width: 1200px;
    height: 570px;
```

```
    margin: 0 auto;
}
.content2 h4{
    font-size: 20px;
    text-align: center;
    margin-top: 20px;
}
.content2 p{
    width: 288px;
    height: 230px;
    text-indent: 2em;
    margin-left: 10px;
    float: right;
    margin-top: 20px;
    font-family: "楷体";
    font-size: 18px;
}
.content2 img{
    width: 288px;
    height: 230px;
    margin-left: 10px;
    float: left;
    margin-top: 20px;
}
.content3{
    width: 1200px;
    height: 530px;
    margin: 0 auto;
}
.content3 h4{
    font-size: 20px;
    text-align: center;
    margin-top: 20px;
}
.content3 img{
    width: 288px;
    height: 230px;
    margin-left: 10px;
    float: left;
    margin-top: 20px;
}
.content3 p{
```

```
        width: 288px;
        height:400px;
        text-indent: 2em;
        margin-left: 10px;
        float: right;
        margin-top: 20px;
        font-family: "楷体";
        font-size: 18px;
    }
```

任务 4　“十三王朝古都——西安”风味小吃页面的制作

将风味小吃页面的制作拆分成 4 个模块，一步一步完成整个页面的制作。

一、页面结构

“十三王朝古都——西安”风味小吃页面分 4 个模块：头部 header、导航 nav、内容 content 和页脚 footer。结构模块如图 9-11。

图 9-11　风味小吃页面结构图

在站点中新建 snack.html 页面，其中头部 header、导航 nav 和页脚 footer 模块结构代码参考首页，内容 content 模块结构代码如下：

```
<!-- 内容 -->
<div class="content">
    <h1>风味小吃</h1>
    <h4>————————————————  回民街  
————————————————</h4>
    <img src="img/hui1.jpg" />
    <img src="img/hui2.jpg" />
    <img src="img/hui3.jpg" />
    <img src="img/hui4.jpg" />
    <img src="img/hui5.jpg" />
    <img src="img/hui6.jpg" />
</div>
<div class="content2">
    <p>西安回民街是西安著名的美食文化街区，是西安小吃街区。回民街所在北院门，原为清代官署区。1990 年代末，部分回民在此街租房经营餐饮，莲湖区遂改向餐饮街方向，北院门遂成为回民街。<br />   
            西安回民街作为西安风情的代表之一，是回民街区多条街道的统称，由北广济街、北院门、西羊市、大皮院、化觉巷、洒金桥等数条街道组成，在钟鼓楼后。<br />   
            晚上的回民街有着与白天不同的精彩，整条街被浓厚的市井气息笼罩，道路两旁遍布挂着电灯、汽灯的各种摊铺，主要贩卖糕饼、干果、蜜饯、小吃。</p>
</div>
<div class="content3">
    <h4>——————————————————  西安著名小吃  ————————————————</h4>
    <p>羊肉泡馍，亦称羊肉泡，古称“羊羹”，关中汉族风味美馔，源自陕西省渭南市固市镇。它烹制精细，料重味醇，肉烂汤浓，肥而不腻，营养丰富，香气四溢，诱人食欲，食后回味无穷。<br />   
            北宋著名诗人苏轼留有“陇馔有熊腊，秦烹唯羊羹”的诗句。因它暖胃耐饥，素为陕西人民所喜爱，外宾来陕也争先品尝，以饱口福。羊肉泡馍已成为陕西名吃的“总代表”。</p>
    <div class="right">
        <img src="img/chi9.jpg" />
        <img src="img/chi2.jpg" />
        <img src="img/chi5.jpg" />
        <img src="img/chi4.jpg" />
    </div>
```

```
        </div>
        <div class="content4">
            <h4>————————————————————  陕西西安特产  ————————————————————</h4>
            <p>石子馍石子馍又称砂子馍、饽饽、干馍，是陕西关中地区一种古老的传统风味小吃，历史非常悠久，具有明显的石器时代“石烹”遗风。因其是将饼坯放在烧热了的石子上烙制成的，故而得名。由于它历史悠久，加工方法原始，因而被称为我国食品中的活化石。<br />   
            石子馍是用烧热的石子作为炊具烙烫而制成的馍。它油酥咸香，经久耐放，营养丰富，易于消化，携带方便，作为出远门、长途旅行所带的食品，也是馈赠亲友、招待嘉宾、出外旅行的必备佳点。</p>
            <div class="left">
                <img src="img/chi8.jpg" />
                <img src="img/chi10.jpg" />
                <img src="img/chi7.jpg" />
                <img src="img/chi1.jpg" />
            </div>
        </div>
```

二、页面样式

新建样式表文件 snack.css，其中头部 header、导航 nav 和页脚 footer 模块样式代码参考首页，内容 content 模块样式代码如下：

```
/* 内容 */
.content{
    width: 1200px;
    height: 600px;
    margin: 0 auto;
}
.content h1{
    font-family: '楷体';
    text-align: center;
    margin-top: 20px;
}
.content h4{
    font-size: 20px;
    text-align: center;
    margin-top: 20px;
}
.content img{
    width: 388px;
    height: 230px;
```

```
        text-indent: 2em;
        margin-left: 10px;
        float: right;
        margin-top: 20px;
    }
    .content2{
        width: 1200px;
        height: 200px;
        margin: 0 auto;
    }
    .content2 p{
        text-indent: 2em;
        margin-left: 10px;
        float: left;
        font-size: 18px;
        font-family: '楷体';
        padding-top: 50px;
    }
    .content3{
        width: 1200px;
        height: 680px;
        margin: 0 auto;
    }
    .content3 h4{
        font-size: 20px;
        text-align: center;
        margin-top: 30px;
    }
    .content3 img{
        width: 400px;
        height: 280px;
    }
    .content3 p{
        width: 268px;
        height: 580px;
        text-indent: 2em;
        margin-right: 20px;
        float: left;
        font-size: 18px;
        font-family: '楷体';
```

```
        padding-top: 50px;
}
.content3 .right{
        width: 860px;
        height: 600px;
        float: left;
        padding-top: 50px;
}
.content4{
        width: 1200px;
        height: 650px;
        margin: 0 auto;
}
.content4 h4{
        font-size: 20px;
        text-align: center;
        margin-top: 30px;
}
.content4 img{
        width: 400px;
        height: 280px;
}
.content4 p{
        width: 268px;
        height: 580px;
        text-indent: 2em;
        margin-right: 20px;
        float: left;
        font-size: 18px;
        font-family: '楷体';
        padding-top: 50px;
}
.content4 .left{
        width: 860px;
        height: 600px;
        float: left;
        padding-top: 50px;
}
```

任务 5 “十三王朝古都——西安”历史沿革页面的制作

将历史沿革页面的制作拆分成 4 个模块，一步一步完成整个页面的制作。

一、页面结构

“十三王朝古都——西安”历史沿革页面分 4 个模块：头部 header、导航 nav、内容 content 和页脚 footer。结构模块如图 9-12。

图 9-12 历史沿革页面结构图

在站点中新建 lishi.html 页面，其中头部 header、导航 nav 和页脚 footer 模块结构代码参考首页，内容 content 模块结构代码如下：

```
        <!-- 内容 -->
        <div class="content">
            <h1>遇见历史————激荡人文</h1>
            <p>正在播放中...</p>
            <video    src="video/xian.mp4"        controls="controls"    width="1200px"
loop="loop"></video>
        </div>
        <div class="content1">
            <h4>————————————————  西安-历史博物馆
    秦始皇兵马俑  ————————————————
</h4>
            <p>兵马俑，即秦始皇兵马俑，亦简称秦兵马俑或秦俑，第一批全国重点文物保护单位，第一批中国世界遗产，位于今陕西省西安市临潼区秦始皇陵以东 1.5 千米处的兵马俑坑内。 <br />   
    兵马俑是古代墓葬雕塑的一个类别。古代施行人殉，奴隶是奴隶主生前的附属品，奴隶主死后奴隶要作为殉葬品为奴隶主陪葬。兵马俑即制成兵马（战车、战马、士兵）形状的殉葬品 。<br />   
    1961 年 3 月 4 日，秦始皇陵被国务院公布为第一批全国重点文物保护单位。1974 年 3 月，兵马俑被发现。1987 年，秦始皇陵及兵马俑坑被联合国教科文组织批准列入《世界遗产名录》，并被誉为“世界第八大奇迹”，先后有 200 多位外国元首和政府首脑参观访问，成为中国古代辉煌文明的一张金字名片，被誉为世界 8 大古墓稀世珍宝之一。</p>
            <div class="right">
                <img src="img/lishi5.jpg" />
                <img src="img/feng1.jpg" />
                <img src="img/lishi2.jpg" />
                <img src="img/lishi7.jpg" />
            </div>
        </div>
        <div class="content2">
                    <h4>————————————————  大明宫国家遗址公园  ————————————————</h4>
                    <p>大明宫国家遗址公园是世界文化遗产，全国重点文物保护单位。位于陕西省西安市太华南路，大明宫地处长安城北部的龙首原上，始建于唐太宗贞观八年(634 年)，平面略呈梯形。<br />   
    大明宫是唐帝国最宏伟壮丽的宫殿建筑群，也是当时世界上面积最大的宫殿建筑群，是唐朝的国家象征，初建于唐太宗贞观八年，毁于唐末，面积 3.2 平方公里。<br />   
    大明宫遗址是 1961 年国务院公布的首批全国重点文物保护单位，是国际古遗址理事会确定的具有世界意义的重大遗址保护工程，是丝绸之路整体申请世界文化遗产的重要组成部分。</p>
                    <div class="left">
                        <img src="img/minggong5.jpg" />
```

```
                    <img src="img/minggong1.jpg" />
                    <img src="img/minggong2.jpg" />
                    <img src="img/minggong6.jpg" />
                </div>
            </div>
```

二、页面样式

新建样式表文件 lishi.css，其中头部 header、导航 nav 和页脚 footer 模块样式代码参考首页，内容 content 模块样式代码如下：

```
/* 内容 */
.content{
        width: 1200px;
        height: 570px;
        margin: 0 auto;
}
.content video{
    width: 1160px;
    height: 410px;
    float: left;
    padding-top: 30px;
}
.content h1{
    text-align: center;
    padding-top: 40px;
}
.content p{
    text-align: center;
    font-size: 25px;
    font-family: '宋体';
    padding-top: 20px;
}
.content1{
    width: 1200px;
    height: 680px;
    margin: 0 auto;
}
.content1 h4{
    font-size: 20px;
    text-align: center;
    margin-top: 30px;
}
.content1 img{
    width: 400px;
```

```
    height: 280px;
}
.content1 p{
    width: 268px;
    height: 580px;
    text-indent: 2em;
    margin-right: 20px;
    float: left;
    font-size: 18px;
    font-family: '楷体';
    padding-top: 30px;
}
.content1 .right{
    width: 860px;
    height: 600px;
    float: left;
    padding-top: 30px;
}
.content2{
    width: 1200px;
    height: 630px;
    margin: 0 auto;
}
.content2 h4{
    font-size: 20px;
    text-align: center;
    margin-top: 20px;
}
.content2 img{
    width: 400px;
    height: 280px;
}
.content2 p{
    width: 268px;
    height: 580px;
    text-indent: 2em;
    margin-right: 20px;
    float: left;
    font-size: 18px;
    font-family: '楷体';
    padding-top: 30px;
}
```

```
.content2 .left{
    width: 860px;
    height: 600px;
    float: left;
    padding-top: 30px;
}
```

任务 6 “十三王朝古都——西安”人文风情页面的制作

将人文风情页面的制作拆分成 4 个模块，一步一步完成整个页面的制作。

一、页面结构

“十三王朝古都——西安”人文风情页面分 4 个模块：头部 header、导航 nav、内容 content 和页脚 footer。结构模块如图 9-13。

图 9-13 人文风情页面结构图

在站点中新建 renwen.html 页面，其中头部 header、导航 nav 和页脚 footer 模块结构代码参考首页，内容 content 模块结构代码如下：

```
<!-- 内容 -->
<div class="content">
    <h1 align="center">人文风情</h1>
    <p align="center">正在播放中...</p>
    <video src="video/ren.mp4" controls="controls" width="1200px"
loop="loop"></video>
    <div class="right">
        <h4>————————  吸纳正气--正心正人正己
  ————————</h4>
        <img src="img/ren11.jpg" />
        <img src="img/ren12.jpg" />
        <img src="img/ren13.jpg" />
        <img src="img/ren14.jpg" />
        <img src="img/ren15.jpg" />
        <img src="img/ren16.jpg" />
        <h4>———  长安回望绣成堆，山顶千门次第开
  ———</h4>
        <img src="img/ren17.jpg" />
        <img src="img/ren18.jpg" />
        <img src="img/feng13.jpg" />
        <img src="img/feng14.jpg" />
        <img src="img/feng15.jpg" />
        <img src="img/chi12.jpg" />
        <h4>———  历史是一面镜子，它照亮现实，也照亮未
来  ———</h4>
        <img src="img/ren19.jpg" />
        <img src="img/ren110.jpg" />
        <img src="img/ren111.jpg" />
    </div>
</div>
```

二、页面样式

新建样式表文件 renwen.css，其中头部 header、导航 nav 和页脚 footer 模块样式代码参考首页，内容 content 模块样式代码如下：

```
/* 内容 */
.content{
        width: 1200px;
        margin: 0 auto;
}
.content video{
    width: 1160px;
    height: 410px;
```

```
        float: left;
        padding-top: 30px;
        margin-left: 25px;
    }
    .content h1{
        text-align: center;
        font-family: '楷体';
        font-size: 50px;
    }
    .content p{
        text-align: center;
        font-size: 25px;
        font-family: '宋体';
        padding-top: 20px;
    }
    .content .right{
        width: 1206px;
    }
    .content .right h4{
        font-family: '楷体';
        font-size: 28px;
        text-align: center;
        margin-top: 480px;
    }
    .content .right h4:nth-of-type(2){
        font-family: '楷体';
        font-size: 28px;
        text-align: center;
        margin-top: 40px;
    }
    .content .right h4:nth-of-type(3){
        font-family: '楷体';
        font-size: 28px;
        text-align: center;
        margin-top: 40px;
    }
    .content .right img{
        width: 308px;
        height: 203px;
        padding-top: 0;
        margin-left: 65px;
        padding-top: 30px;
```

```
}
.content .right img:nth-of-type(13){
    width: 320px;
    height: 320px;
    margin-left: 50px;
}
.content .right img:nth-of-type(14){
    width: 320px;
    height: 320px;
}
.content .right img:nth-of-type(15){
    width: 320px;
    height: 320px;
}
```

任务 7　“十三王朝古都——西安”登录注册页面的制作

将登录注册页面的制作拆分成 4 个模块，一步一步完成整个页面的制作。

一、页面结构

“十三王朝古都——西安”登录注册页面分 4 个模块：头部 header、导航 nav、内容 content 和页脚 footer。结构模块如图 9-14。

图 9-14　登录注册页面结构图

在站点中新建 users.html 页面，其中头部 header、导航 nav 和页脚 footer 模块结构代码参考首页，内容 content 模块结构代码如下：

```
<!-- 内容 -->
<div class="content">
    <h2>会员注册</h2>
    <aside>
        <img src="img/feng7.jpg"/>
    </aside>
    <div class="right">
        <h3>使用手机号码注册</h3>
        <form action="#" method="post">
            <input type="text" placeholder="昵称" /><br />
            <input type="tel" placeholder="请输入您的手机号码" /><br />
            <input type="text" placeholder="短信验证码" />
            <p>特长(单选):<br/>
            <select>
                <option selected="selected">唱歌</option>
                <option>跳舞</option>
                <option>篮球</option>
            </select></p>
            <p>爱好(多选):<br/>
            <select multiple="multiple" size="4">
                <option>读书</option>
                <option selected="selected">听音乐</option>
                <option>旅行</option>
                <option>踢球</option>
                <option selected="selected">写代码</option>
            </select></p>
            <p>请输入密码:</p>
            <p><input type="password" placeholder="密码" maxlength="8"
/><br/>
            <input type="password" placeholder="确认密码" maxlength="8"
/><br/>
            <input type="submit" class="button" value="注册" /><br/>
            已有账号<a href="#">马上登录</a></p>
        </form>
    </div>
</div>
```

二、页面样式

新建样式表文件 users.css，其中头部 header、导航 nav 和页脚 footer 模块样式代码参考首页，内容 content 模块样式代码如下：

```
/* 内容 */
```

```
.content{
    width: 1200px;
    height: 650px;
    border: 1px solid #ccc;
    margin: 50px auto 0;
    background-color: burlywood;
}
.content h2{
    padding-top: 30px;
    padding-bottom: 30px;
    text-align: center;
}
.content p{
    padding-left: 80px;
}
.content aside{
    width: 300px;
    height: 200px;
    float: left;
    margin-left: 110px;
    padding-top: 80px;
}
.content .right{
    width: 305px;
    height: 400px;
    float: left;
    margin-left: 450px;
}
.content .right h3{
    line-height: 50px;
}
.content .right input{
    border-radius: 5px;
    margin-bottom: 20px;
    padding-left: 10px;
}
.content .right input:nth-of-type(6){
    width: 40px;
}
.content .right a{
    color: #2fade7;
    font-size: 14px;
```

```
}
.content .right p{
    color: red;
    margin-left: -80px;
}
.content select{
    width: 175px;
}
.content .button{
    width: 160px;
    height: 36px;
    background: #2FADE7;
    color: #fff;
    border: none;
    margin-left: 10px;
}
```

参 考 文 献

[1] 朱小杰．网页设计与制作[M]．武汉：武汉大学出版社，2015．

[2] 李欣荣．网页设计与制作实践：HTML+CSS[M]．西安：西安电子科技大学出版社，2016．

[3] 赵旭霞，刘素转，王晓娜.网页设计与制作[M]．3 版．北京：清华大学出版社，2018．

[4] 邱炳城．网页设计项目教程[M]．广州：广东高等教育出版社，2018．

[5] 穆肇南．网页设计与制作[M]．西安：西安电子科技大学出版社，2020．

[6] 郑建鹏．网页设计的风格研究[M]．北京：首都经济贸易大学出版社，2020．

[7] 何丽萍．网页界面艺术设计[M]．北京：清华大学出版社，2021．

[8] 曹茂鹏．网页美工设计基础教程[M]．北京：化学工业出版社，2022．

【内容简介】 本书由网页设计基础知识，HTML5 简单标签，CSS3 选择器，盒子模型，列表与超链接，表格和表单，HTML5 多媒体技术，过渡、变形和动画，实战开发等九个项目组成。

本书适合作为高校电子信息类各专业教材，也可作为计算机培训班有关课程的教材和自学者的参考书。

图书在版编目（CIP）数据

网页设计与制作 / 李阿红, 张卫婷主编. — 西安：西北工业大学出版社, 2022.7

ISBN 978-7-5612-8230-4

Ⅰ. ①网… Ⅱ. ①李… ②张… Ⅲ. ①网页制作工具 Ⅳ. ①TP393.092.2

中国版本图书馆 CIP 数据核字(2022)第 106700 号

WANGYE SHEJI YU ZHIZUO

网 页 设 计 与 制 作

李阿红　张卫婷　主编

责任编辑：李阿盟　刘　敏　　装帧设计：许　康

责任校对：孙　倩

出版发行：西北工业大学出版社

通信地址：西安市友谊西路 127 号　　邮　　编：710072

电　　话：（029）88493844，88491757

网　　址：www.nwpup.com

印 刷 者：北京市兴怀印刷厂

开　　本：787 mm×1 092 mm　　1/16

印　　张：15.75

字　　数：390 千字

版　　次：2022 年 7 月第 1 版　　2022 年 7 月第 1 次印刷

书　　号：ISBN 978-7-5612-8230-4

定　　价：49.00 元